建設業の
バリューチェーン・
マネジメント

小久保 優 著

技報堂出版

書籍のコピー，スキャン，デジタル化等による複製は，
著作権法上での例外を除き禁じられています。

はじめに

　建設産業の役割は、激甚化する自然災害を防ぎ経済を強靱化するインフラを整備することです。近年では、老朽化するインフラの維持管理・更新なども重要な役割になっています。建設事業者は、現在だけでなく将来にわたってその品質を確保していかなくてはなりません。しかし、その担い手である建設労働者の不足は深刻です。バブル経済崩壊後、建設投資の減少により建設労働者が減少しておりましたが、東日本大震災の復興事業や東京オリンピックの施設整備などにより、労働力が不足するようになりました。労働力不足は深刻で、多くの外国人建設就労者・実習生を受け入れています。

　労働力不足が深刻となるなか、2014（平成26）年の第186回通常国会において、「建設業法」「公共工事の品質確保の促進に関する法律（品確法）」「公共工事の入札及び契約の適正化の促進に関する法律（入契法）」が改正されました。いわゆる「担い手三法」の改正です。翌2015（平成27）年4月に施行されました。一連の改正の目的は、インフラの品質確保とそれに不可欠な担い手の中長期的な育成・確保です。

　品確法の第1条（目的）に、若手技術者、女性技術者らを想定した「担い手の中長期的な育成及び確保の促進」が追記されました。また、第7条（発注者の責務）には、担い手の確保・育成のための利潤が確保されるよう「予定価格を適正に定めることが発注者の責務である」と規定されています。

　担い手の中長期的な育成・確保には、就労環境を改善し、安定的な経営環境の実現を図ることが必要です。建設産業特有の重層下請構造のもと、就労環境の改善が進んでいないことが、若者や女性の入職・定着の障害となっています。建設事業者は、「明確な雇用関係の確保」「賃金や労働時間などの処遇の改善」「社会保険の適切な加入」「技能継承などの能力開発」などさまざまな対策を講じる必要があります。

　対策のひとつに世界有数のICT技術（情報伝達技術）の活用が考えられます。ICT技術を活用した「i-Construction」は、一人ひとりの生産性を向上させ、労働災害を減少させるなど、経営環境の改善に寄与します。「i-Construction」

はじめに

には、三次元モデルを関係者間で共有することで建設生産システムの効率化・高度化を図る「**CIM・BIM**」や、事業の計画・調査・設計と施工を一体化させた三次元モデルを建設現場に導入する「**情報化施工（ICT 土工）**」などがあります。国土交通省は「**NETIS（新技術情報提供システム）**」を構築し、ICT技術にかかわる情報を提供しています。

　本書で取り上げる**バリューチェーン・マネジメント**は、**コンプライアンス経営**により、**CSR（企業の社会的責任）**を果たしつつ、安定的な経営環境を実現します。バリューチェーン・マネジメントとは、原材料を調達し製品・サービスを顧客に届けるまでの企業活動を、一連の**価値（Value）の連鎖（Chain）**として捉える考え方です。バリューチェーン・マネジメントは、安定的な経営環境の実現により技術者の雇用を確保する**未来に向けた投資**です。

　2018 年 10 月

小久保　優

目　　次

第 1 章　大手・準大手建設業者と地方中小建設業者 ……………………… 1

1.1　我が国の建設事業の実態 …………………………………………… 1
　1.1.1　大手・準大手と中小建設業の割合 ……………………… 1
　1.1.2　生コンクリートの出荷量からわかる
　　　　　大手・準大手と中小建設業者の実態 ……………… 2
1.2　大手・準大手と中小建設業者の比較 ……………………………… 4
1.3　大手・準大手と中小建設業者の入札制度 ……………………… 6
　1.3.1　公共工事の入札制度の現状 ……………………………… 6
　1.3.2　公共工事の入札制度の展望 ……………………………… 7
1.4　地方中小建設業者の課題 ……………………………………………… 8
　1.4.1　人材確保・育成 ……………………………………………… 8
　1.4.2　品質確保の促進 ……………………………………………… 16
1.5　大手・準大手建設業者の課題 ……………………………………… 17
　1.5.1　下請契約 ………………………………………………………… 17
　1.5.2　入札価格 ………………………………………………………… 17
1.6　大手・準大手建設業者の課題に起因する事件 ………………… 19
　1.6.1　杭打ちデータ偽装問題（下請契約） ……………………… 19
　1.6.2　リニア談合事件（入札価格） ……………………………… 24

第 2 章　建設業のバリューチェーン・マネジメント ……………………… 29

2.1　建設業のバリューチェーン・マネジメントとは ……………… 29
　2.1.1　建設業のバリューチェーン・マネジメントの手順 …………… 29
　2.1.2　建設業のバリューチェーン・マネジメントの必要性 ………… 33
　2.1.3　建設業のバリューチェーン・マネジメントのポイント ……… 34
2.2　建設業のバリューチェーン・マネジメントの主活動 ……………… 37
　2.2.1　施工管理体制の充実 ………………………………………… 37

目　次

2.2.2	原価管理の徹底	38
2.2.3	安全衛生の確保	38
2.2.4	環境対策の強化	39
2.3	建設業のバリューチェーン・マネジメントの支援活動	40
2.3.1	技術管理	40
2.3.2	安全衛生管理	44
2.3.3	人材資源管理	48
2.3.4	環境管理	54

第3章　建設関連法令の遵守とコンプライアンス ……… 57

3.1	建設関連法令の遵守とコンプライアンスとは	57
3.2	建設業法等の遵守とコンプライアンスは「施工体制の整備」が重要	59
3.2.1	施工体制の整備	59
3.2.2	帳簿の記載事項と添付書類	64
3.3	労働安全衛生法等の遵守とコンプライアンスは「安全衛生管理の徹底と雇用労働条件の厳守」が重要	65
3.3.1	安全衛生管理の徹底	65
3.3.2	雇用労働条件の厳守	68
3.4	廃棄物処理法等の遵守とコンプライアンスは「廃棄物処理」が重要	70
3.5	建設関連法の罰則	76
3.5.1	建設業法に違反すると	77
3.5.2	労働安全衛生法に違反すると	77
3.6	労働災害を発生させたときの責任	79
3.7	違反建築物の是正指導	82
3.8	建設工事の工事請負契約	86
3.8.1	工事請負契約書はなぜ必要か	86
3.8.2	建設業法に規定された下請契約の内容	86
3.8.3	下請契約に必要な標準下請契約約款	87
3.8.4	下請契約のフロー	88

第**4**章　施工管理体制—施工管理体制の強化で施工不良を防ぐ ……… 93

4.1　施工管理の基本原則 ………………………………………… 93
　4.1.1　監督職員の実施項目が施工者の対応項目 ……………… 93
　4.1.2　基本的な施工管理の原則 ………………………………… 94
　4.1.3　工事検査対策の原則 ……………………………………… 101
4.2　現場代理人の配置と役割 …………………………………… 103
4.3　専門技術者の配置と役割 …………………………………… 108
　4.3.1　特定建設業と指定建設業の許可条件 …………………… 108
　4.3.2　施工現場に必要な専門技術者の配置とは ……………… 110
4.4　施工計画書による技術管理 ………………………………… 114
4.5　施工体制台帳と施工体系図 ………………………………… 116
　4.5.1　施工体制台帳と施工体系図の内容 ……………………… 116
　4.5.2　施工体制台帳と施工体系図の作成手順 ………………… 117
　4.5.3　施工体制台帳と施工体系図の重要性 …………………… 119
4.6　一括下請負の防止 …………………………………………… 122
　4.6.1　一括下請負とは …………………………………………… 122
　4.6.2　一括下請負の弊害 ………………………………………… 122
　4.6.3　実質的な関与とは ………………………………………… 123
　4.6.4　一括下請負となる行為 …………………………………… 124
　4.6.5　一括下請負のペナルティ ………………………………… 125
4.7　施工不良の防止 ……………………………………………… 126
　4.7.1　技術管理者の管理意識を高める ………………………… 126
　4.7.2　施工管理の確認 …………………………………………… 126
4.8　情報化施工の導入 …………………………………………… 128
　4.8.1　情報化施工とは …………………………………………… 128
　4.8.2　情報化施工の特徴 ………………………………………… 129
　4.8.3　情報化施工のメリット …………………………………… 129
　4.8.4　情報化施工の課題 ………………………………………… 131
　4.8.5　情報化施工での検査 ……………………………………… 131

目　次

第5章　原価管理─要素別実行予算で品質を確保し利益を上げる …… 133

5.1　工事原価の定義と粗利益の関係を理解して利益を上げる ………… 134

5.2　要素別実行予算を活用して利益を上げる ……………………… 138

5.3　「外注方針」「購買方針」を作成して利益を上げる ………………… 142

　5.3.1　材料費の管理は購買方針が基本 ……………………………… 143

　5.3.2　外注費の管理は外注方針と支払管理が基本 ………………… 146

5.4　労務費と機械経費の管理を理解して利益を上げる ……………… 148

5.5　コスト削減に必要な予算差異、操業度差異、
　　能率差異の分析で利益を上げる ………………………………… 152

5.6　収支管理で利益を上げる ………………………………………… 156

5.7　設計変更は工事請負契約の原則を理解して利益を上げる ……… 159

　5.7.1　施工方法や作業方法などの変更に必要な設計変更の原則とは … 159

　5.7.2　設計変更に必要な知識、設計変更、契約変更、
　　　　軽微な設計変更とは ……………………………………… 161

　5.7.3　設計変更（条件変更など）の手順と留意事項とは ………… 162

5.8　利益を上げるには、バリューチェーン・マネジメントの
　　対応が重要 ……………………………………………………… 168

第6章　安全管理─安全施工サイクルで災害を防ぐ ……………… 169

6.1　労働安全衛生体制と点検体制の確保 …………………………… 169

　6.1.1　元請人が守らなければならない
　　　　労働安全衛生体制に関する基本的事項 ……………………… 169

　6.1.2　工事現場の安全衛生管理体制に必要な実施事項 …………… 170

6.2　安全管理は災害発生の可能性と起因物の関係を把握して実施する … 176

6.3　安全管理は安全施工サイクルで起因物と事故の型をチェックする … 183

　6.3.1　準備工におけるチェック事項 ……………………………… 183

　6.3.2　本作業におけるチェック事項 ……………………………… 184

　6.3.3　持場後片付け、終了時の確認と報告におけるチェック事項 …… 186

第7章　環境管理―環境にやさしい廃棄物処理 ……………………… 189

7.1 「建設副産物」の再資源化 ………………………………………… 190
　7.1.1 「建設副産物」と「指定副産物」「特定建設資材」 …………… 190
　7.1.2 「建設発生土」の処分方法と建設発生土技術基準の知識 ……… 193
7.2 建設廃棄物処理費削減は
　　「特定建設資材」「建設発生土」「金属くず」の分別が基本 ………… 195
　7.2.1 建設廃棄物の処理費削減策は建設混合廃棄物対策 …………… 196
　7.2.2 建設廃棄物分別表で原価管理 ………………………………… 198
　7.2.3 建設副産物の再資源化の手続き ……………………………… 200

第1章

大手・準大手建設業者と
地方中小建設業者

　建設業のバリューチェーン・マネジメントについて説明するまえに、我が国の**建設業が抱える課題**を、**大手・準大手建設業者**、**地方中小建設業者**それぞれ視点から整理し、**考えられる対策を解説**したいと思います。

　建設業者といっても、日本を代表とする大企業から地方の社会資本を支える中小企業までさまざまです。しかし社会的には、全国的に事業を展開する**大企業のみに目が注がれ**ています。人手不足に悩まされながらも、地方の社会資本整備に貢献している**中小企業の実態は知られていません**。

1.1　我が国の建設事業の実態

1.1.1　大手・準大手と中小建設業の割合

　国土交通省が発表した 2017（平成 29）年 3 月末現在の**資本金階層別の建設業許可業者数**を次頁に示します。 建設業許可業者数を 12 の資本金階層別にみると、「資本金の額が 300 万円以上 500 万円未満の法人」が 106,818 業者（22.9％）と最も多く、以下「資本金の額が 1,000 万円以上 2,000 万 円未満の法人」106,134 業者（22.8％）、「個人」81,898 業者（17.6％）と続きます。**個人および資本金の額が 1 億円未満の法人の数**は、合計すると **460,030 業者**となり、**建設業許可業者数全体の 98.8%**を占めています。1 億円未満の法人を中小企業とみなすと、日本の建設事業は中小企業によって成り立っているといえます。

　一方、資本金の額が **100 億円以上の法人**は **347 業者**あり、「**大手ゼネコン**」「**準大手ゼネコン**」「**中堅ゼネコン**」などにランク分けされます。数の上ではわずか **0.1%**です。さらにゼネコンの中でも、完成工事高の大きい**上位 5 社**（**大林組、鹿島建設、清水建設、大成建設、竹中工務店**）を**スーパーゼネコン**と呼びます。

第1章　大手・準大手建設業者と地方中小建設業者

資本金階層別の建設業許可業者数			
資本金階層	許可業者数	構成比	累積構成比
①個人	81,898	17.6%	17.6%
②資本金の額が200万円未満の法人	14,143	3.0%	20.6%
③資本金の額が200万円以上300万円未満の法人	3,451	0.7%	21.4%
④資本金の額が300万円以上500万円未満の法人	106,818	22.9%	44.3%
⑤資本金の額が500万円以上1,000万円未満の法人	75,862	16.3%	60.6%
⑥資本金の額が1,000万円以上2,000万円未満の法人	106,134	22.8%	83.4%
⑦資本金の額が2,000万円以上5,000万円未満	60,119	12.9%	96.3%
⑧資本金の額が5,000万円以上1億円未満の法人	11,605	2.5%	98.8%
⑨資本金の額が1億円以上3億円未満の法人	2,813	0.6%	99.4%
⑩資本金の額が3億円以上10億円未満の法人	1,320	0.3%	99.7%
⑪資本金の額が10億円以上100億円未満の法人	944	0.2%	99.9%
⑫資本金の額が100億円以上の法人	347	0.1%	100.0%

　中小建設業と大手・準大手ゼネコンでは、**経営方針**や**入札方式**、**施工管理体制などがまったく異なって**おり、同じ建設業としてではなく、**別の業種**として考えるとよいでしょう。

1.1.2　生コンクリートの出荷量からわかる
　　　大手・準大手と中小建設業者の実態

　経済産業省発行「生コンクリート統計四半期報」から、推計による過去5年間の**生コンクリートの需要部門別出荷量の推移**を次頁に示します。

　平成28年度は、鉄道・道路や港湾・空港、道路などの土木向けの出荷量が全体の33.7%、住宅やマンション、ビル、学校や庁舎などの建築向けの出荷量が66.3%となっています。

　この表からわかるように、**生コンクリートの出荷量**は、**土木、建築ともに減少傾向**です。今後も2020年の東京オリンピックなどで一時的な出荷量の増加はあるものの、傾向としてはこのまま減少傾向をたどると考えられます。それは**建設市場の縮小**ということだけでなく、**職人の不足**も関係しています。

1.1 我が国の建設事業の実態

年度	土　木						建　築			
（平成）	鉄道電力	港湾空港	道路	その他	計	％	官公需	民需	計	％
23	3,289	2,697	9,348	17,546	32,880	37.4	8,288	46,796	55,084	62.6
24	2,592	3,854	8,895	18,760	34,101	37.0	8,931	49,068	57,999	63.0
25	1,891	4,789	9,284	20,684	36,648	37.1	9,880	52,322	62,202	62.9
26	1,765	3,745	9,039	18,700	33,249	35.4	10,815	49,951	60,766	64.6
27	1,810	3,533	8,564	16,487	30,394	34.9	9,604	47,063	56,667	65.1
28	2,018	2,876	8,436	14,975	28,305	33.7	7,922	47,685	55,607	66.3

生コンクリートの需要部門別出荷量の推移（単位：千 m³）

　コンクリート打設には多くの段階があり、コンクリートを劣化させる要因も多岐にわたることから、**職人は技術的に高い専門性が求められます**。しかし、少子・高齢化が進むなか、そのような高い技術をもった職人が少なくなっているのです。特に地方の中小建設業では職人不足は深刻で、地方自治体は、型枠職人の必要がなく、なおかつ工期の短縮が図れ、コスト縮減や生産性向上が期待できる**コンクリート２次製品の使用による施工**へと発注内容を転換しています。国土交通省も地方の建設事業者に対し、「担い手不足」から「**コンクリート製品化の推進**」を進めています。このように地方の中小建設業の**職人不足が生コンクリート出荷量減少の理由の一つ**となっております。

　一方、**建築分野の民需（中高層住宅需要向け）は減少の幅が比較的小さく、生コンクリートの需要を下支え**しています。コンクリート打設を行うのはほとんどが大手ゼネコンです。このことから、大手ゼネコンはまだ中小建設業ほど人材不足が深刻にはなっていないものの、**現場作業の効率化にむけた技術の改善**が求められています。

第1章　大手・準大手建設業者と地方中小建設業者

1.2　大手・準大手と中小建設業者の比較

　大手、準大手建設業者は、**国の基幹産業**として公共事業を受注し、**景気回復のカンフル剤**や**雇用確保の手段**として政策的な役割も担っています（ただ、高い入札落札価格や低い労働賃金など、その役割を十分に果たしているとは言えませんが）。実際に景気対策や復興事業の大きな工事を受注するのは、東京に本社を持つ大手・準大手建設業者です。大手・準大手建設業者は、**資材の発注から施工にあたる下請の建設業者を引き連れ**て地方に乗り込んできます。地方中小建設業者はせいぜい、付帯工事などその一部を下請で受注する程度です。大手・準大手建設業者は、**独自のルールで施工**を行い、工事終了後の**維持管理などは別途契約**します。

　一方、**地方中小建設業者**は、大手・準大手建設業者とは違った役割を担っています。地方中小建設業者は、地方自治体に育成されてきた産業です。地域の道路や下水道といった**公共事業の建設、維持・管理**にかかわり、**災害発生時にはその復旧**に寄与しています。地方に根づいた中小建設業者は、県や市からの技術指導のもと、**地域の社会資本整備を低価格で堅実に担っています。**ただ、建設技術やマネジメント能力などは、大手、準大手の建設業者には到底及びません。総合評価落札方式では地域精通度が重視されず、地域インフラの担い手確保の問題が発生しています。

　このように、規模の大小だけでなく、担っている役割や地域性もあって、**大手・準大手建設業者と地方中小建設業者を同じ業種として位置づけるのは非常に無理**があります。大手、準大手建設業者と地方中小建設業者は別の業種と考えるべきです。建設業とはいえ、別のルールや別のリーグで運営されているからです。両者を同じ土俵で論議をすること自体、無理が出てきています。なお、組織的にも、**大手・準大手、中小建設業**が加盟する「**全国建設業協会**」と、地方の**中小建設業のみ**が加盟する「**各県市町村建設業協会**」の二つの団体があります。以下に大手・準大手建設業者と地方中小建設業者の違いを表にまとめました。

1.2 大手・準大手と中小建設業者の比較

建設業者の比較		
	大手・準大手建設業者	地方中小建設業者
入札方式	一般競争入札、総合評価落札方式	制限付一般競争入札、指名競争入札、総合評価落札方式
契約書類	書類はそろっているが、下請人に契約書類を作成させることが多く、元請人が内容を確認していない。	契約書類に誤りや不備が多い。
担い手	若手技術者、女性技術者などの担い手が確保されている。必要な社員教育がなされ、担い手が育成されている。	若手技術者、女性技術者などの担い手が確保されていない。十分な社員教育がなされず、担い手が育成されていない。
社会保険など	下請契約から社会保険などに未加入な建設業者を排除し、入札に参加している。	一次下請人以下に社会保険などに未加入な場合があり、注意が必要である
適正な施工	金額にかかわらず、施工体制台帳を作成し、適正な施工体制が確保されている。	内容を確認せずに施工体制台帳を作成し、現場に求められる技術者にも誤りがあり、十分な施工体制が確保されていない。
内訳書	積算の内訳書が整備されている。ただし、積算基準に従わない独自の積算がなされる場合がある。	過当競争から積算の内訳書が整備されずに入札に参加する事業者もある。最低制限価格の設定が必要。
施工計画書	独自のノウハウで詳細に書かれている。ただし、下請人作成の書類も多く、誤りがみられる。	行政のひな型を参考にしたもので、実際の施工体制と異なっている場合が多く、法的な誤りも多い。
品質・工程管理	出来型より出来高の書類が大切。品質管理は下請人任せ。	工期が大切。仕様書や示方書に明記された品質管理の知識は弱い。
安全管理	安全管理は計画化、組織化されているが形式的。	安全管理を知らない業者が多く、安全管理の計画化、組織化が不十分で災害意識が弱い。
変更契約	請負代金額の30%を超える変更契約があり、発注者に対しても透明性が確保されていない。	変更契約の意識が低く、近隣対策などの変更契約はあまり行わない。請負代金額内で施工し清算している。

1

大手・準大手建設業者と地方中小建設業者

第1章　大手・準大手建設業者と地方中小建設業者

1.3　大手・準大手と中小建設業者の入札制度

　次に大手、準大手建設業と地方の中小建設業の入札制度の違いを少し詳しく説明します。

1.3.1　公共工事の入札制度の現状

　入札制度には大きく**指名競争入札方式**と**一般競争入札方式**、**総合評価落札方式**があります。公共工事では、施工の信頼性を確保する観点から、**指名競争入札方式が原則**とされていました。しかし、発注者が請負人を絞り込むという点で、発注者の恣意性が介在する余地が大きく、請負人数が限られるため**談合の温床**になっているとの指摘が従来からなされていました。

　こうしたことから、1993（平成 5）年 12 月、中央建設業審議会の建議により、**入札手続の透明性・競争性の向上**が図れました。**大手・準大手建設業者**が参加する大型工事については**一般競争入札方式**が採用され、**地方中小建設業者**が参加する中小工事については**制限付一般競争入札方式**や改善された**指名競争入札方式**が採用されています。

既存の入札制度	
一般競争入札	原則、誰でも入札に参加できる入札方式ですが、大手・準大手が参加する一定規模以上の大型工事が対象です。
制限付一般競争入札	入札案件ごと、事業所の所在地、営業種目、等級の格付けなど、一定の資格要件を満たした建設事業者に限り、入札に参加できる方式です。
指名競争入札	発注者から指名された地方中小建設業者だけが入札に参加できます。
随意契約	災害などの例外措置で特定の単独業者に特命発注します。

1.3.2 公共工事の入札制度の展望

2001（平成13）年、公共工事の入札及び契約の適正化の促進に関する法律（入札契約適正化法）が施行され、公共工事発注者に説明責任義務が課されました。その結果、**大手・準大手建設業者**は**一般競争入札方式**、**地方中小建設業者**は従来の指名競争入札から、対象ランクを定め、技術資料の作成を求める**公募型指名競争入札方式**に移行すると推測されます。

ただし、入札参加資格制度**Bランク以下**の地方中小建設業者は、地域企業育成の意味から従来どおり、**指名競争入札方式**が採用されると判断されます。

新規の入札制度	
公募型 指名競争入札	工事概要、対象ランク、技術資料の作成・提出方法などを事前に掲示し公募します。入札参加意欲のある建設業者から提出された技術資料の審査を踏まえ、指名業者を選択し、価格競争により落札者を決定する方式です。
工事希望型 指名競争入札	建設業者に希望する工事の内容、工事の規模、技術資料の提出を求める者を事前に選択します。建設業者の地域的特性、技術審査を踏まえ、指名業者を選択し、価格競争により落札者を決定する方式です。
技術提案型 競争入札	工事の入札段階で、指定されない施工方法などについて技術提案を受け付けて審査したうえで、競争参加者を決定します。価格競争により落札者を決定する方式です。
技術提案型 総合評価方式	競争参加者が技術提案と価格提案を一括して行い、工期、安全性などの価格以外の要素と価格を総合的に評価して落札者を決定する方式です。評価値の算定方法には、技術評価点を入札価格で除して評価値を求める「除算方式」と、技術評価点と価格評価点（入札価格を点数化した値）を合計して求める「加算方式」があります。
設計・施工一括 発注方式	設計・施工分離の原則の例外として、落札者に設計・施工を一括して発注する方式です。

第1章　大手・準大手建設業者と地方中小建設業者

1.4　地方中小建設業者の課題

　建設業の利益率は、平成4年度（1992）には4％でしたが、平成23年度（2011）には1.4％に低下してしまいました。しかし、平成26年度（2014）には**2.4％**に増加し、ここ数年は回復基調が続いております。ただ、**全産業の利益率3.5％と比べまだ低い水準**です。特に規模が小さい**地方中小建設業者**は、**利益率が低い**ままです。これは技術力、マネジメント能力を支える「**人材の確保・育成**」「**品質確保の促進**」に課題があるからです。

1.4.1　人材確保・育成

（1）人手不足の現状

　地方中小建設業では、**人手不足が非常に深刻な問題**となっています。「東日本大震災の復興事業」「アベノミクスによる公共事業の増加」「2020年の東京オリンピック」という特需によって、不況に見舞われていた**建設業界は活気を取り戻しつつ**あります。民間信用調査会社の東京商工リサーチによると、2017年度（2018年1月17日）の建設業倒産件数（負債1,000万円以上の企業倒産）は前年度比1.61％減の1,579件で、4年連続年度ベースで減少しています。負債総額も13.57％減の1,535億5,690万円で、4年連続で前年を下回っています。

　しかし、少子・高齢化のなか、**人手不足が常態化**しております。人手不足に伴う職人の**労務費の上昇**、輸送費の高騰を受けたセメントをはじめとする**資源価格の上昇**も見込まれ、今後は**建設コストの上昇**が懸念されます。建設コストの上昇は**地方財政を圧迫**しますし、入札不調により**事業が頓挫**することも懸念されます。

　地方の中小建設業では、経営上の優先課題に、技術者、技能者の高齢化に伴う「**後継者不足**」「**労働力不足**」があげられます。具体的には、「工事現場で実際に作業する職人」「職人を管理する現場代理人や主任・監理技術者」の不足を意味しています。それは経営規模が小さいほど深刻です。発注に対応できず廃業する要因ともなっています。後述する「**登録基幹技能者制度**」の**主任・監理技術者**として位置づけの理由です。

1.4 地方中小建設業者の課題

　人手不足の理由は「建設業に在職する人が減っているから」ということは間違いありません。主な理由は**「若年層の建設業在職者が顕著に減っている」**「**リーマンショック後の建設需要激減で離れた職人が戻ってこない**」の2点です。1980年から2010年まで、建設業界の若年層の在職者・入職者の推移を調査した結果が以下です。

若年層の入職者数・在籍者数の変化

（注）入職率・在職率＝若年層の建設就業者数／同年齢の人口
出典：建設経済研究所「建設業就業者数の将来推計」

　20～24歳の若手の在職者（率）が著しく減少しているとともに、15～19歳の入職者（率）も減少傾向です。直近ではピーク時の3分の1以下となっています。
　さらに建設業と全産業で55歳以上と29歳以下の従事者数を比較したグラフを次頁に示します。
　全産業と比較してみても、建設業は**55歳以上の年配者と29歳以下の若手の間に圧倒的に開きがある**ことがわかります。高齢化が進む一方で、若手が増えていない状況です。これは「建設業界の**3Kのイメージ**」「ほかの産業と比べ**基本的な福利厚生が不十分**」といった現状と無関係ではありません。建設業の本質的な改善が必要です。

第1章　大手・準大手建設業者と地方中小建設業者

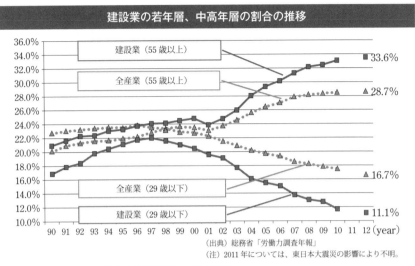

出典：建設経済研究所「建設業就業者数の将来推計」

　ゆるやかに起こりつつあった**建設業の人手不足に一層の拍車をかけた**のが**「リーマンショック」**です。リーマンショックによって、国内の建設需要は激減しました。これは「建設職人の仕事が激減すること」を意味します。仕事のなくなった建設職人たちの多くは、他産業への転職か、退職という道を選びました。その後、景気回復とともに建設需要も回復してきた一方で、建設職人の数は減り続けました。一度建設業界を離れた職人は、職場の現状を知っていますから、待遇や福利厚生などの改善がなければ簡単には戻ってきません。

　建設会社の多くは「人手が足りないときは辞めた職人に声をかければ対応できる」と考えていました。しかし実際、建設職人に声をかけても断られるケースが多数ありました。結果、**景気が回復し工事量が増加**しても、**職人が戻ってこない**ため、特に地方の建設業では、需要に対して労働力が確保できない「**人手不足**」の状態が続いているのです。

(2) 人材確保・育成の必要性
　国土交通省は、建設業の総合的な人材確保・育成対策として、**技能者の処遇改善、女性のさらなる活躍の場の確保、若手の早期活躍の推進、建設生産システムの省力化・効率化・高度化、外国人建設就労者等の受入れ**などを進めています。

1.4　地方中小建設業者の課題

　しかし、経営環境が厳しさを増しているなかで、**新規雇用に踏み切れない**地方中小建設業者が増加しています。そのうえ**離職率も増加している**ため、**若年技術者が少なく**なっています。若者に**建設業の将来性や魅力をアピールできていない**ことも一因でしょう。年齢構成に偏りがある現状では、**技術・技能の伝承も難しく**なります。若年技術者を雇用し、熟練技術者から若年技術者への技術・技能の伝承を行わないと、災害発生時の対応なども危惧されます。

　地方中小建設業者において「**基本技術を担う若年技術者の確保・育成**」「**総合的な経営力と高度な技術力・管理能力を有する技術者の確保・育成**」「**教育訓練の充実**（外国人建設就労者等の受入れ含む）」が求められています。

1）基本技術を担う若年技術者の確保・育成

　建設業従事者の高齢化により、土質やコンクリート、鋼材などに対する**基本技術（要素技術）が低下**しています。基本技術を担う**若手技術者を確保**することは、工事で瑕疵が発生する可能性を減らし、**出来形の品質を向上**させます。建設企業の技術基盤をより強固なものとすることで**確実な出来高アップ**につながります。

　若年技術者は工学的な基礎知識に基づいた設計・計算などに必要な能力を着実に修得することが必要です。こうした能力は、建設企業にとって必要不可欠なものです。そして化学・機械・材料・電気・電子・通信・土木・建築・環境・安全・衛生・IT などあらゆる工学分野の要素技術の向上に努めます。最近では、単一要素技術だけで解決できない技術的課題も多く、**要素技術を組み合わせる応用能力が重要**となっています。

2）総合的な経営力と高度な技術力・管理能力を有する技術者の確保・育成

　建設事業者は、発注者をはじめとする社会資本整備の担い手のパートナーあるいはアドバイザー的立場で、工事を実施します。建設企業には、社会資本整備の計画段階から維持管理段階まで、**発注者の立場を理解できる高度な技術力と管理能力を有する技術者が必要**です。このような技術者が、施工現場に求められる専門的な業務や分野が多岐にわたる業務を統括します。

　大学の建設系学部などの高度な教育機関において、従来の施工技術だけでなく、**建設マネジメントの教育カリキュラムの充実**が望まれます。専門分野の技術力に加えて、工程管理や労務管理などのマネジメント能力を高めることができれば、企業の総合的な経営力を向上させ競争力を強化することができます。

第1章　大手・準大手建設業者と地方中小建設業者

3）教育訓練の充実（外国人建設就労者等の受入れ含む）

技術力とマネジメント能力の強化を図るには、外国人材の活用を含んだ技術者の**教育訓練**を計画的に推進すべきです。

現場に人的・時間的な余力がなくなり、これまで OJT（職場内訓練）中心に行われてきた**知識・技術・技能などの継承が難しく**なってきています。その結果、工事現場における**コミュニケーション不足**や**問題解決力の低下**を招いています。また、人材育成に時間を要する若年者の採用を控えるようになり、入職した若年者もキャリアパス（キャリアの道筋）や目標を抱けず早期に離職してしまいます。今後の外国人材を含んだ**技術者や技能労働者の教育訓練体系**を検討するうえで、これまで現場における **OJT が担ってきた機能を補完するOFF-JT**（職場外訓練）が求められます。

OFF-JT を推進するにあたっては、**教育訓練内容**とその成果である**資格取得、人材が目指すキャリアパスや基準・条件を明確に示す**ことが重要です。教育訓練は、建設生産システムの課題として、建設業界全体で考える必要があります。建設業界が人材を育成する強い意思を持ち、行政のサポートを受けながら、**教育センターを整備・運営**することが重要です。教育センターでは、建設産業界・各企業のニーズに合った**カリキュラムの開発**や**講師陣の充実、施設整備の拡充**が不可欠です。また、**各種助成金に関する情報**をわかりやすく提供し、一般や学生などに対し、**建設業の役割や必要性について情報発信**していくことも必要です。

（3）人手不足を解決するための実践ポイント

人手不足を解決するための実践ポイントを解説しましょう。ポイントは「**人材の流出を防ぐ雇用促進**」「**利益率を設定した施工管理**」「**福利厚生による待遇改善**」「**技能と経験に応じた適正な評価と処遇**」「**ICT による情報化施工**」の 5 つです。

1）人材の流出を防ぐ雇用促進

人手不足の解消には、若年入職者数低下の歯止めが急務です。建設会社は各々「雇用促進」に取り組んでいます。対策としては若年層の「**建設業に触れる機会を増やす**」「**3K のイメージを払拭する**」などが挙げられます。また、人手不足を解消するためには**新規の雇用**だけでなく、**人材の流出を防ぐ**ことも重要です。外国人に対する技能実習法が改正され、受入れ期間の延長もその対策で

す。

　地方の中小建設産業は、設計労務単価に左右され、なおかつ受注競争が激しく、低価格入札を繰り返し、工事の採算性が低下しています。そういった事情も直接、給与に影響してしまいます。若年層の就業を促進し、人材の流出を防ぐには、「**長時間労働**」「**低い給与水準**」「**福利厚生の不足**」といった**待遇の改善**が必須です。慢性的な人手不足を受けて、多くの建設事業者が待遇改善に着手しています。長時間労働対策では、**週休2日工事**、**施工時期の平準化**、ICTを全面的に活用した **i-Construction** などの取り組みを発注者、受注者ともに実施することです。給与面では、在職経験年数が5年以上の職人や技能・指揮能力が優れている職人を**優良技能者として優遇**することが奨励されています。また、外国人建設就労者への職種別手当も充分に考慮すべきです。

2）利益率を設定した施工管理

　賃金面での待遇改善を図るため受注量を増やすことは結構ですが、職人の賃金を管理する現場代理人の負担も重くなります。重要なのは「必要粗利益額」を達成するために必要な「**利益率**」**を把握**することです。一般に大規模工事ほど粗利益率は下がり、小規模工事ほど高くなります。「第5章　原価管理」で詳しく説明しますが、これまでの受注実績や次のステップである現状把握を踏まえて、**部門別の利益率を設定**し、社内で各部門の責任者らとすり合わせながら利益率を落とし込んでいきます。例えば、工事の種類や得意先、売上高によって利益率を分類し、工種別利益目標を設定します。**現場代理人**は**利益率を目安に工事を管理**します。

3）福利厚生による待遇改善

　賃金面での待遇改善のほかに、外国人を含む安心して働ける**法定福利厚生**（雇用保険、労災保険、健康保険、厚生年金保険、介護保険などの「社会保険」など）、**法定外福利厚生**（社宅の提供や住宅費の補助、育児支援、レクリエーション費、特別休暇など）**の拡充**もポイントです。職人の待遇改善に取り組む会社が重視しているのは「**社会保険への加入**」です。建設業界全体の取り組みとして、**法定福利費の内訳を明示した見積書を作成**するようになってきています。ただし、2次、3次下請人まで浸透していません。「社会保険に加入していない事業者には人が集まらない」ため、元請人との契約時に**社会保険費の支払いを一般管理費として明確にしておく**必要があります。また、平成29年度から国の直轄工事の元請、下請は「社会保険加入企業に限定する」という国土交通省

第1章　大手・準大手建設業者と地方中小建設業者

の方針が打ち出されています。社会保険に未加入の技能労働者は国の公共事業に入場できない仕組みとなっています。この流れは、地方自治体の公共事業にも広がっています。詳細は、「2.3.3 人材資源管理」を参照してください。

　行政が進めている法定福利厚生の拡充策は、社会保険加入から始め、寮などの設備の待遇改善（非金銭報酬）に広げ、**「若年層の生活スタイルへの理解」**が大切であるとしています。地方の建設業では、自社で福利厚生施設を用意することなく幅広い福利厚生を導入する、**福利厚生アウトソーシングサービス**の導入なども考慮すべきでしょう。

　また、外国人建設就労者に対しては、フィジカルケア、メンタルケア、日本語教育、専門用語教育、安全衛生管理資格支援の徹底を図るべきです。

4）技能と経験に応じた技能者と事業者の適正な評価と処遇

　建設業を支える優秀な担い手を確保・育成していくためには、技能者が技能と経験に応じた適正な評価や処遇を受けられる環境の整備が不可欠です。

　建設業はほかの産業とは異なり、技能者がさまざまな現場で経験を積んでいくため、個々の能力が客観的に評価されにくく、能力に見合った処遇を受けにくい環境にあります。

　こうしたことから、**国土交通省**では、技能者の現場における就業履歴や保有資格などを通じて、**技能者と事業者の適正な評価**と品質確保、施工体制の効率化を図る「**建設キャリアアップシステム**」が構築されています。このシステムは、技能者や事業者に配布する IC カードを通じ、情報を一つのシステムに蓄積するものです。そのデータを活用し、**技能者の技能と経験や事業者の経歴を客観的に評価**します。**発注者、事業者は技能者の職歴等を評価**し、合わせて、**発注者は事業者の施工体制を評価**でき、**建退共手続、社会保険の加入状況の確認などの事業の効率化も容易にする仕組み**です。建設キャリアアップシステムは**平成 30 年 4 月**から、インターネットや郵送による**登録が開始**され、**10月から運用**されています。

　手書きの社会保険情報や保険証の写しの添付が不要となり、現場履歴も朝礼前のカード処理になりますから、職人や会社の施工実績が簡単に記録できます。地方の元請事業者は建設キャリアシステムに登録しますが、より規模の小さい民間工事を行っている一人親方にどこまで浸透するかが課題となります。

　後述する、新しい**基幹技能者制度**は、熟達した作業能力と豊富な知識を持って、効率的に作業を進めることができる、**マネジメント能力に優れた技能者を**

育てる制度です。**建設キャリアアップシステム**において、元請の計画・管理業務に参画し、補佐できる**登録基幹技能者に育つことが期待**されています。

5）ICT による情報化施工

最後は「ICT による情報化施工」です。国土交通省は 2015（平成 27）年 12 月に「ICT 技術の全面的な活用」により建設現場の生産性向上を目指す取り組み「**i-Construction」の導入**を公表しました。これは、調査・測量から設計・施工・維持管理までの建設事業でのあらゆるプロセスで、IoT、人工知能（AI）などの革新的な技術の導入を進める新たな取り組みです。i-Construction 導入のメリットには、生産性向上による企業の経営環境の改善、賃金水準の向上、福利厚生の改善、安全な建設現場の実現などがあげられます。

労務費の高騰や賃金の低下を抑制するためには「手間のかからない省力化工法」を採用することが効果的です。**ICT による情報化施工は、建設職人にかかる手間を削減し、工期を短縮**することで**労務費が抑制**され、**職人の待遇改善**につながります。しかし、**地方の中小建設業**では、ICT 施工により機械施工の生産性は向上しますが、**人力施工の生産性を改善しないと待遇改善にはつながりません。**

また、マシンガイダンス（MG）などの **ICT 建機**の台数は近年増加しているものの、**レンタル料は通常の建機より割高**なため、**活用が進んでいません。**さらにマシンコントロール（MC）などの**三次元設計データ作成ソフト**などの購入も**中小零細企業では負担**です。そして中小建設事業者には **ICT 施工に対応できるスキルを持った技術者がいない**ため、地方自治体が発注する個々の工事にどのように ICT を効率に活かせるか判断できません。

また、ICT 施工で新たな作業となるドローンなどによる出来形管理について、小規模工事では歩掛が合いません。間接費（現場管理費）の率計上での所要額が措置されていません。

したがって、行政（発注者）は地方の中小建設事業者に対し、ICT 活用を前提とした**工程計画立案支援**や、ICT 運用時のマネジメント指導による**好事例の創出、効果検証**および**普及活動の支援**を行う必要があります。

ICT 技術の課題に対しては、人力施工の標準的な施工方法、適正な積算方法が検討されています。

MC などの**三次元設計データ作成ソフト購入税制**については、中小企業等経営強化法　に基づく税制措置として、**固定資産税の半額免除**や**法人税の即時償**

第1章　大手・準大手建設業者と地方中小建設業者

却または**取得価額の10%の税額控除**といった措置を受けられるよう検討することが考えられます。

　ICTを効率に活かせる現場条件から、人力施工の効率化・生産性を向上させるには、**自社の積算歩掛を強化**します。人力施工の影響が大きい工種について施工実態（工程・人力施工割合）を把握します。そのデータから**人力施工の生産性を改善（機械化）する管理方法を検討**していきます。詳しくは「第5章　原価管理」で説明します。

　三次元出来形管理などの費用については、**点群データ処理以降の内業作業を自社化**することで、追加の費用を圧縮することが考えられます。なお、ドローンなどの新規の機器投資をしなくてもいいように、また、ドローンなどによる出来形管理の外注などで従来の方式に比べ間接費がかさまないように、**トータルステーション（TS）、衛星測位システム（GNSS）**などでの出来形管理を可能とするとされています。

1.4.2　品質確保の促進

　品確法の施行に伴い、受注者の品質確保促進を図るため、**発注者に受注者の技術的能力の審査などを義務づける**ようになりました。これは、受注者は**工事を適正に実施**し、かつ**純利益を増やす**技術的能力の向上に努めなければならないことを意味しています。

　「純利益を増やす」には、まず**経費の発生源（差異）に着目**することです。受注が減少したからといって、**人員を削減**したり、**給与を引き下げ**たりするのは、あまり**よい対策ではありません**。もちろん作業員が減れば、人件費をはじめ、各種の福利厚生費や旅費交通費なども結果として削減されます。物（固定資産等）が減れば、減価償却費、固定資産税、修繕維持費および保険料等が自然に削減されます。金（借入金）が減れば、支払利息という固定費が削減され、元金返済も少なくなりますので資金繰りも楽になります。ただし、これは**一時的なもの**です。では、どのようにして純利益を増やすのでしょうか。「第5章　原価管理」で詳しく説明します。

1.5　大手・準大手建設業者の課題

　大手、準大手建設業者は、組織として利益を追求することを第一としており、**コンプライアンス（法令遵守）やリスク管理の意識が低い**ようです。コンプライアンスとは狭義では法令遵守をいい、広義では社内規則や社会規範の遵守を含みます。

1.5.1　下請契約

　建設事業者は、施工現場を技術的にサポートしなければなりません。しかし、後述する横浜市集合マンションの杭打ちデータ偽装問題では、元請や一次下請人は二次下請人に**工事を丸投げ**し、二次下請の現場代理人による杭打ちデータ偽装に気づきませんでした。マンションは建て替えることとなり巨額な損害賠償が発生、企業の信頼は大幅に低下しました。

1.5.2　入札価格

　大手、準大手建設業者の**高い入札価格**が問題となっております。後述するリニア談合事件では、JR東海が想定する価格をはるかに上回る金額をゼネコン各社が提示しました。

　ここでは、2011（平成24）年8月に行われた豊洲新市場3棟の土壌汚染対策工事の競争入札をとりあげます。この落札結果をみると、独自に事業を進める大手、準大手の建設業の実態がわかります。落札結果と落札率は次のとおりです。

土壌汚染対策工事の落札内容			
土壌汚染対策工事	落札大手、準大手建設JV	落札額	落札率
青果棟 5街区（晴海通り）	鹿島建設を中心とする6社（鹿島・大成・東亜・西松・東急・新日本）JV	114億円	93.9%
水産仲卸売場棟 6街区（環状2号北側）	清水建設を中心とする10社（清水・大林・大成・鹿島・戸田・熊谷・東洋・鴻池・東急・錢高）JV	318億円	97.0%
水産卸売場棟 7街区（環状2号南側）	大成建設を中心とする5社（大成・鹿島・熊谷・飛島・西武）JV	85億円	94.7%

第1章　大手・準大手建設業者と地方中小建設業者

　青果棟5街区（晴海通り）と水産卸売場棟7街区（環状2号南側）は2JV
で争われ、水産仲卸売場棟6街区（環状2号北側）は清水のJVのみの入札で
した。最近の**地方建設業者の落札率**は通常、**80％程度**で、豊洲市場の土壌汚
染対策工事の落札率90％以上は稀有なケースです。

　次の主要建物3棟の建設工事で、2013年11月18日、第1回目の入札が不
調となり、東京都が入札予定の大手ゼネコン側に積算上のヒアリングを行い、
3棟工事の予定価を合計407億円増額し、2014年2月13日に再入札され落札
されました。

　建築工事3棟を受注したのも、当然、土壌汚染対策工事を受注した企業を中
心とした建設会社です。再入札前に積算上のヒアリングが行われたうえに、事
前の土壌汚染対策工事で地下空間が作られていましたので、予定価格を引き上
げてでも関係する3JVが落札しなければ、建築工事は成り立たず、要請を受
けての落札と疑われる結果となりました。

建築工事の落札内容				
建築工事	第1回予定価格	第2回予定価格	落札額	落札率
青果棟	159億8,951万円	259億4,592万円	259億3,500万円	99.95％
水産仲卸売場棟	260億 434万円	436億 765万円	435億5,400万円	99.87％
水産卸売場棟	208億 932万円	339億8,535万円	339億1,500万円	99.79％

建築工事の落札業者	
建築工事	落札大手、準大手建設JV
青果棟	鹿島建設を中心とする7社（清水・大林組・戸田・鴻池組・東急・錢高組・東洋）JV
水産仲卸売場棟	清水建設を中心とする7社（大成・竹中工務店・熊谷組・大日本土木・名工・株木・長田組土木）JV
水産卸売場棟	大成建設を中心とする7社（鹿島・西松・東急・TSUCHIYA・岩田地崎・京急・新日本工業）JV

　再入札の結果、3棟の落札率はほぼ100％です。これは説明の必要もありま
せん。

18

1.6 大手・準大手建設業者の課題に起因する事件

建設業のバリューチェーン・マネジメントによる、コンプライアンス（法令遵守など）やリスク管理の徹底が必要とされる、近年の事件を二つ取り上げます。

1.6.1 杭打ちデータ偽装問題（下請契約）

（1）工事請負契約の原則に反する行為の判明

2015（平成27）年10月、**横浜市都筑区の大型分譲マンション（販売：三井不動産レジデンシャル）に傾き**が見つかりました。4棟で全473本ある杭のうち、6本が支持層に届いておらず、2本は打ち込みが不十分でした。深度不足が判明した杭の長さは最大で約2mも足りていませんでした。加えて**施工記録データの偽装**も判明しました。偽装のあった杭は、3棟で計38本にも上りました。

設計・施工は三井住友建設、杭の施工担当は二次下請人の**旭化成建材**、データ偽装に関与したのは、旭化成建材の現場責任者の男性社員でした。杭は継ぎ足しができない方式だったため、追加発注する必要があり、工費がかさみ工期が延びる可能性があったことがデータ偽造の背景にあると思われます。

（2）現場責任者のコンプライアンス意識の低さ

杭打ち作業は、杭打ち機のドリルで地中に穴を掘ります。強固な地盤である「支持層」に到達すると、「電流計」と呼ばれる計器の波形が大きく揺れ、同時にオペレーターにショックが伝わります。これを受けドリルが支持層に到達したかどうかをチームで確認します。「電流計」のデータの記録は、専用の用紙にプリントアウトし、報告書に添えて、元請人の三井住友建設に提出することになっていました。

現場責任者は20時間以上にも及ぶ旭化成建材の聞き取り調査に対し「本来なら毎日整理し元請人に提出するデータについて、途中からルーズになった」「問題のマンションでは、支持層に届かなかった杭についてデータ取得に失敗した」「機器のスイッチの入れ忘れやデータの取り忘れがあった」と説明しま

した。データの取り忘れた理由は「プリンターの電源やインクが切れていた」「記録紙が雨でにじんで汚れて波形のデータが見えなくなった」などと説明しています。また、インフルエンザで休み、2日間データを取らなかったこともあったといいます。動機について「スイッチを入れ忘れたとかデータを紛失したとか、データの記録や保管などの自分のミスを隠すためにやった」と説明しています。

　旭化成建材などによると、現場責任者によるデータ改ざんは、別の日に実施した波形記録をそのままコピーして転用したり、2つの波形を継ぎはぎしてコピーしたりするなどの手口でした。また、ドリルが強固な地盤である「支持層」に到達したとみせるために、波形が大きくなるよう加筆したりもしました。データは工事の最後にまとめて提出したといいます。

（3）社内体制の不備

　旭化成建材は、施工主である三井住友建設の二次下請人（一次下請人：日立ハイテクノロジーズ）として、横浜のマンション4棟の杭打ちを2チームで担当していました。杭打ち施工は、旭化成建材の管理者と協力会社の作業員や重機のオペレーターや施工管理者など1チーム7人で行っていました。旭化成建材の社員がリーダーを務める1チームが実施した70本の杭打ち工事のデータに改ざんが見つかりました。問題があった8本の杭を担当し、現場でデータを管理していたのはチームリーダーの現場責任者だけでした。

　現場責任者の男性はキャリア15年ほどで、中京地区の建設関係の会社に所属し、旭化成建材へ出向して契約社員となり、杭打ち工事とは別の部門の担当となっています。2～3年前に現場を離れていて、事件発覚時には同社の契約社員で事務職に就いていました。

　杭打ちデータ偽装問題を受けて、旭化成建材は過去に施工した杭打ち工事3,040件を公表しました。旭化成建材と親会社の旭化成が、施工報告書が残る2004（平成16）年1月以降の記録を技術者らがチェックしたところ、旭化成建材では過去10年間に360件の杭打ちデータの改ざんが判明しました。データ流用をした疑いのある複数の現場代理人のほとんどが、工事期間中だけ旭化成建材で働く派遣社員でした。国土交通省は、複数の現場代理人がデータの改ざんにかかわっていたことから、「個人ではなく**会社としての問題**であることを表している」「**会社の管理体制に不信感**を持たざるをえない」などとして、

当該現場の施工体制図		
元請人	三井住友建設の施工管理者	

⇩

一次下請人	日立ハイテクノロジーズの施工管理者

⇩

二次下請人	旭化成建材の施工管理者（主任技術者） 1号機、2号機 現場代理人

⇩

三次下請人	下請人 A（1号機）		下請人 B（2号機）	
	オペレーター	1名	オペレーター	1名
	手元	2名	手元	2名
	プラントマン	1名	プラントマン	1名
	残土処理	1名	残土処理	1名
	溶接工	1名	溶接工	1名
	クレーン運転	1名	クレーン運転	1名

厳しく追及しました。

（4）業界の体質

石井啓一国土交通大臣は、杭打ち工事の業界団体である**一般社団法人コンクリートパイル建設技術協会**などに対し、データを取得する際の自主点検の体制などを報告するよう指示しました。

それにより、杭打ち業者41社が加盟するコンクリートパイル建設技術協会の**正会員6社で計22件のデータ偽装**が新たに見つかりました。流用が確認された6社は、建物などで使われるコンクリート杭の出荷量シェア全体の7割を占めます。旭化成建材を含めると、データ流用は合計7社に上りました。

データ流用が明らかになった6社の件数	
三谷セキサン（福井県福井市）	1件
ジャパンパイル（東京都中央区）	13件
日本コンクリート工業（東京都港区）	1件
前田製管（山形県酒田市）	3件
NC貝原コンクリート（岡山県倉敷市）	2件
中部高圧コンクリート（三重県鈴鹿市）	2件

（5）技術者の配置の不備

　2015（平成27）年12月25日、国土交通省は、「基礎ぐい工事問題に関する対策委員会」（委員長：深尾精一首都大学東京名誉教授）の第6回会合を開き、中間とりまとめ報告書を国交相に手渡しました。

　中間とりまとめ報告書によると、日立ハイテクノロジーズと旭化成建材は調査に対し、**主任技術者がほかの現場と兼任**していたことや、約3か月の工期のうち12日間しか現場にいなかったことを認めました。**建設業法は現場ごとに専任の主任技術者を常駐**させることを定めています。そして三井住友建設は、下請人の2社が本来、必要な専任の主任技術者を置いていないことを知りながら指導していませんでした。ずさんな現場管理の実態が浮かび上がりました。

　三井住友建設の役員が問題発覚後の記者会見で「（下請人に）裏切られた」と発言したことについて、有識者委員会は「**施工全体に一義的な責任を負う立場**にあるにもかかわらず、その責任を十分に果たしていない」と指弾しました。

　また、日立ハイテクノロジーズは、施工の大半を旭化成建材に任せ、同社が作成した杭打ち工事の施工計画書をそのまま元請人に提出するなど、旭化成建材に**工事を丸投げ**していました。**建設業法**は、責任が曖昧になり手抜き工事につながるとして、実質的に施工に関与せず工事を下請人に再発注する「丸投げ」を禁じ、請け負った側も処分の対象としています。**違反すると15日以上の営業停止処分**になり、停止期間中は新規の受注ができなくなります。

（6）杭打ちデータ偽装による代償

　旭化成は2016（平成28）年2月4日、2015年4～12月期の連結決算を発表し、子会社の旭化成建材（東京）による杭打ちデータ改ざん問題関連の**12**

億円を含む計 117 億円の**特別損失を計上**したと発表しました。売上高は前年同期比 1.5％減の 1 兆 4483 億円、純利益は 18.8％減の 717 億円でした。同月 7 日、**旭化成の浅野敏雄社長が退任**の意向を示しました。

その後、マンション全棟の建て替えが決まり、三井住友建設、日立ハイテクノロジーズ、旭化成建材は、**建て替えに伴う費用約 460 億円とその金利負担**を三井不動産レジデンシャルから請求されています。

（7）杭打ちデータ偽装を生む下地

杭打ちデータ偽装問題を起こした杭打ち業者に限らず、一般的に大手、準大手といわれる建設業者には、「工事の書類対応さえしっかりやっていれば、出来形は問題にならない」という**コンプライアンス（法令遵守など）を軽視する風潮**があります。書類上は「適切な施工」「厳密な検査」が行われているようにみえますが、このように**「出来高」のみを追求し「出来形」をないがしろにする**傾向があり、手抜き工事の原因となっています。

（8）杭打ちデータ偽装で問われる責任

品確法には「構造部分の**瑕疵担保責任**は、竣工後 10 年以内であれば、誰が瑕疵を作り出したかを問わず、**売り主が負う**」と定められています。建築物としての**基本的安全性を損なう瑕疵**があれば、**建築基準法の是正行為**として責任を問われます。建築基準法の是正行為は**発注者、施工者の連帯債務**なので、元請人か下請人かを問わず罰則が適用されます。

また、ずさんな杭打ちや施工報告書の改ざんを見抜けなかった**元請人の責任**も指摘されています。大手、準大手の主なゼネコンで構成される日本建設業連合会（日建連）の地盤基礎専門部会は、大臣認定杭ならば安全として、施工方法が適切だったか確認しなかったのが原因としています。工期の短さから**杭打ち専門の下請人に出来形から出来高を含めた管理のすべてを任して、自らの施工管理を疎かにした**ことが、杭打ちデータ偽装の温床となりました。

設計者の責任についてですが、本来は設計と施工が分離していて、設計を担当した建築士には、**現場の監理が義務づけ**られています。しかし、設計・施工一体型の発注方式では、施工受注者の建築士が設計・監理をします。設計監理者による施工への適正なチェック機能が働かなかった可能性が大いにあります。杭打ちデータ偽装では杭打ち現場への設計監理者による立会は、マンション各

第1章　大手・準大手建設業者と地方中小建設業者

棟の最初の作業のときだけ行い、問題の杭が打たれた工期の後半は行われていませんでした。設計監理者は、元請人、一次下請人、二次下請人を管理できておらず、責任が問われます。

（9）杭打ちデータ偽装の原因

　杭打ちデータ偽装問題では、データの流用をした疑いのある**現場代理人**は、20人以上に上るとみられていますが、そのほとんどが工事期間中だけ旭化成建材で働く**下請人会社からの派遣社員**だったことがわかりました。このような現場代理人では、設計図で用意された杭が短くて支持層に届かないため、原価や工程を見直さなくてはならなくても、設計変更を協議する権限もありません。

　このように改ざんが次々と判明した**二次下請人（旭化成建材）の管理体制**も問題ですが、設計図と相違が見られたのに、**発注者との設計変更の協議を怠った元請人（三井住友建設）も問題**です。本来、元請人の現場代理人は、設計の相違点を設計者や発注者などに報告し、承諾を得て、元請人が材料費を負担します。しかし、二次下請人（旭化成建材）が杭メーカーであったからか、二次下請人に負担させようとしました。

1.6.2　リニア談合事件（入札価格）

　JRリニア談合事件をみると、大手ゼネコンと地方の中小建設業の入札や契約方式の違いが非常によくわかります。昨今、大手、準大手建設業者の**高い入札価格**が問題となっております。殊にリニアのような困難な工事を対象とした特別な入札方式では、入札価格が高額なるように思われます。

（1）談合事件の背景

　2027年の開業を目指す**リニア中央新幹線**は、東京・品川－名古屋間の総延長の90％近くがトンネル工区で、既存の東海道新幹線の駅直下に新駅を設置するなど、**難工事が多い**のが特徴です。JR東海は、**大手ゼネコンの協力なしにリニア事業の工法の選択や入札・発注もできません**。リニア談合の背景には、1987（昭和62）年の国鉄分割・民営化後、新路線、大規模工事の建設経験が**ない JR 東海の技術力不足**があります。JR東海は、大手ゼネコン各社と「勉強会」と称する工事に関する**情報交換**の場を設け、ゼネコンの技術力に頼って事業を進めてきました。談合事件では「被害者」である発注者が「加害者」で

ある受注者と一緒に作業をしているわけですから、東京地検が談合と断定するには極めて不透明な過程が多すぎます。JR東海は、リニア事業が公共工事より制限のない民間工事であっても、公共性が高いため、透明性を確保し、事業費を引き締めたいと考えました。一方、大手ゼネコンは費用回収や**利益確保**を図るべきと考えました。技術力不足から技術情報を得たいJR東海と利益確保を図りたい大手ゼネコン、**両者の思わくの違いが談合の温床**になりました。

（2）地方の中小建設業と異なる汗かきルール
―大手ゼネコンに特別な発注方式で報いた失敗

　JR東海が採用し大手ゼネコン4社が参加した入札方式と、地方の中小建設事業に採用している指名競争入札との違いを説明します。JR東海は、トンネル工事だけでなくターミナル駅でも、名古屋駅は大成建設、品川駅は大林組と「勉強会」と称した工法や費用の情報交換から事業を開始しました。

　建設業界には、**発注おいて最も苦労した、あるいは貢献した企業が優先的に落札できるという「汗かきルール」**があります。リニア事業においても、該当地域の着工に最も尽力した企業に優先的に受注を割り振る受注調整が行われたことは、東京地検特捜部の聴取を受けた関係者の証言でわかっています。「汗かきルール」による受注調整は、地方の中小建設業者でも、土地の取得などでを行われ、過去の談合事件で何度も表面化しました。ただ、**大手ゼネコンに対するJR東海の入札者の選定や落札方式**は、それとは大きく異なります。これまで民間工事がメインだった**デザインビルド方式**（設計・施工一括および詳細設計付工事発注方式）**に近い考え方**です。デザインビルド方式は、効率的・合理的な設計・施工の実施でき工事品質の一層の向上が見込まれる反面、施工者側に偏った設計になりやすくなり、発注者が本来負うべきコストや品質確保に関する責任が果たせなくなります。**大手ゼネコン4社は、デザインビルド方式のデメリットを逆手**にとりました。

　ただ、名古屋駅中央工区では「汗かきルール」から有力視された大成建設の提示した競争見積の金額を協議しましたが、受注は不調に終わりました。そこでJR東海は事業費を下げるため、工区を東西2分割して当該工区の受注を考えていなかった大林組に声を掛けて再発注しました。その結果、東工区はJR東海建設が**随意契約**で受注し、西工区を**指名型見積協議方式**で金額を協議して大林組JVが受注しました。

第1章　大手・準大手建設業者と地方中小建設業者

　品川駅も工区を南北2分割して発注されました。指名型見積協議方式で発注され、北工区を受注したのが清水建設JV、南工区を大林組JVです。

　その他の工区では**公募型見積協議方式**で発注され、受注金額を協議して南アルプストンネルは、静岡、山梨工区を大成建設、長野工区は鹿島建設をそれぞれ代表とする共同企業体（JV）が受注しました。

　大手ゼネコン4社は、計15件の工事を事前調整で、各々得意分野を受注していました。実際、各々受注した工事契約額はほぼ同額の600億円程度でした。地方の中小建設業に比べるととてつもなく高額な落札金額です。JR東海から契約の詳細は公表されていませんが、入札方式と落札企業、工区を以下の表に示します。

入札方式と落札企業、工区（JR東海）	
指名型見積協議方式	品川駅北工区（清水JV） 品川駅南工区（大林JV） 品川駅非開削工区（安藤ハザマ） 名古屋駅中央西工区（大林JV）
公募型見積協議方式	北品川非常口、地下部変電設備（清水JV） 東百合丘非常口（大林JV） 梶ヶ谷非常口及び資材搬入口（西松JV） 第四南巨摩トンネル西工区（西松JV） 南アルプストンネル山梨工区（大成JV） 南アルプストンネル静岡工区（大成JV） 導水路トンネル新設（大成JV） 南アルプストンネル長野工区（鹿島JV） 伊那山地トンネル坂島工区（清水JV） 伊那山地トンネル青木川工区（飛島JV） 日吉トンネル南垣外工区（清水JV） 坂下非常口（前田） 第一中京圏トンネル新設西尾工区（大成JV） 名城非常口（大林JV）
随意契約	名古屋駅中央東工区（JR東海建設）
入札方式と落札企業、工区（鉄道運輸機構）	
一般競争入札	小野路非常口（鹿島JV） 中央アルプストンネル 山口（鹿島JV） 中央アルプストンネル 松川他（戸田JV）

26

（3）指名型見積協議方式と公募型見積協議方式

　JR東海は、リニア中央新幹線工事の入札に「**指名型見積協議方式**」と「**公募型見積協議方式**」を採用して、大手、準大手建設業に発注しています。この制度は2008（平成20）年6月より新たに導入された方式です。リニア事業のような**発注者単独での施工計画の立案が困難な工事を対象**とした**特別な入札方式**です。各方式の入札・契約手続きの流れを次表に示します。個人的な意見ですが、このような入札方式では工事コストの縮減は難しいと思われます。

JR東海リニア中央新幹線工事の入札・契約手続きの流れ		
	指名型見積協議方式	公募型見積協議方式
入札	JR東海が対象企業を指名	JR東海が入札対象企業を選定して手続開始の公示
落札	対象企業が指名受諾	企業が申請書を提出
		競争参加資格確認して最低見積価格提示、企業を選定
	見積合せ	
	JR東海が希望する目安価格を上回った場合に協議	
契約	協議後の価格で契約締結	

1）指名型見積協議方式

「**指名型見積協議方式**」は、**難工事で高い技術や経験が必要とされる駅部の工事に採用**されています。あらかじめ**JR東海が対象となる企業を選定**したうえで、**最低見積価格を提示した企業**と、**施工計画および事業者の希望価格との相違点**について、施工方法から総合評価する**確認協議を行い、協議後の価格をもって契約を締結する制度**です。従来の一般競争入札とは異なり「**標準価格（契約制限価格：予定価格）」の設定が困難な工事に限り採用される制度**です。リニア中央新幹線名古屋駅工事では、はじめ大成建設がJR東海希望する価格の3倍の価格（他社はそれより高い入札金額）で入札したため不調に終わり、2工区にわけて協議発注し、1つの工区を大林組が入札することになりました。

2）公募型見積協議方式

　一方、「**公募型見積協議方式**」は、**JR東海が入札の対象となる企業を選定して、企業が申請書を提出、JR東海が競争参加資格を確認**し、提出された**施**

第1章　大手・準大手建設業者と地方中小建設業者

工方法や価格などから総合的に評価して順位を決めます。**JR 東海の目安価格を上回った場合**に、**最低見積価格を提示した企業**が JR 東海と企業が**施工計画および希望する価格との相違点**について**確認協議**を行います。**協議後の価格をもって契約を締結する制度**です。したがって、指名型見積協議方式と同じく「標準価格（契約制限価格：予定価格）」の設定はありません。

（4）独占禁止法違反（不当な取引制限）で起訴

　このような状況において、東京地検特捜部が大手ゼネコン 4 社を不正な受注調整を行っていたのか任意の調べを行いました。**大林組**は**課徴金減免制度（リーニエンシー）**により**談合を自主申告**し、続いて**清水建設も自主申告**しました。2006（平成 18）年 1 月の独占禁止法改正から導入された課徴金減免制度は、公正取引委員会の調査開始前最初に「談合やカルテルに加わった」と申し出ると、課徴金が全額免除され、刑事告発対象から外れる制度です。2 番目の申告は課徴金の 50％、3 番目の申告は 30％が減額され、調査開始後でも最初の申告は 30％が減額されます。適用対象は調査の前後最大 5 社で順位は違反内容を書いた報告書を出した時期で決まります。東京地検は、談合の容疑を認めていた**大林組**と**清水建設**については、「談合への関与があった」と指摘したうえで、**不起訴（起訴猶予）処分**としました。一方、**大成建設と鹿島建設**の担当者は**独占禁止法違反容疑で逮捕**されました。民間工事で独占禁止法違反の刑事責任が問われるのは初めてのケースです。

第2章
建設業のバリューチェーン・マネジメント

　地方の中小建設業者は、入職者数の激減と離職者の増加による**人手不足**から、**品質確保がままなりません**。一方、**大手、準大手建設業者**は、発注者の意向に配慮せず、独自の考えで**利益を追求**することを第一に工事管理を進めることから、**コンプライアンスやリスク管理の意識が低くく**、「工事の丸投げ」「高い入札価格」に起因する**不祥事**を近年起こしています。

　地方の中小建設業者の**人材の確保・育成や品質確保の促進**には、**就労環境を改善**し、**安定的な経営環境の実現**を図ることが必要です。また、大手、準大手建設業者の**コンプライアンスやリスク管理の意識の醸成**には**危機管理体制の構築**が有効です。**バリューチェーン・マネジメント**は、**コンプライアンス経営**により、**CSR（企業の社会的責任）**を果たしつつ、**安定的な経営環境を実現**します。

2.1　建設業のバリューチェーン・マネジメントとは

　バリューチェーン・マネジメントとは、アメリカの経営・経済学研究者**マイケル・E・ポーター**が、著書『**競争優位の戦略**』（1985）の中で用いた**企業の経営戦略手法**です。原材料を調達し製品やサービスを顧客に届けるまでの**企業活動を一連の価値**（Value）**の連鎖**（Chain）**として捉え管理**（Management）します。第2章では、建設業のバリューチェーン・マネジメントの手順、必要性、導入のポイントを説明するとともに、主活動と支援活動に分けられる各事業活動の概要を説明してみたいと思います。

2.1.1　建設業のバリューチェーン・マネジメントの手順
　バリューチェーン・マネジメントは、その名のとおり、**事業活動の各プロセスで企業価値を付加**して、それを**連鎖**させることで、**企業の信頼を向上**させ利**益を増大**させます。

第2章　建設業のバリューチェーン・マネジメント

　バリューチェーン・マネジメントでは、**事業を主活動と支援活動に分類し、**事業活動の**どの部分（機能）で付加価値が生み出されているか、どの部分に強み・弱みがあるか**を分析し、**事業の改善を図る**ことです。**主活動は製品が顧客に到達するまでの流れと直接関係する活動**で、**支援活動は主活動を支える活動**です。**一般的な製造業**では、**主活動は購買、製造、出荷、販売、マーケティング、サービス**などから構成され、**支援活動は調達、技術開発、人事、財務、会計**などから構成されています。

（1）バリューチェーンの把握
　バリューチェーンは業種によってさまざまです。まずは**自社のバリューチェーン**（主活動と支援活動）**を把握**します。

建設業のバリューチェーン概念図

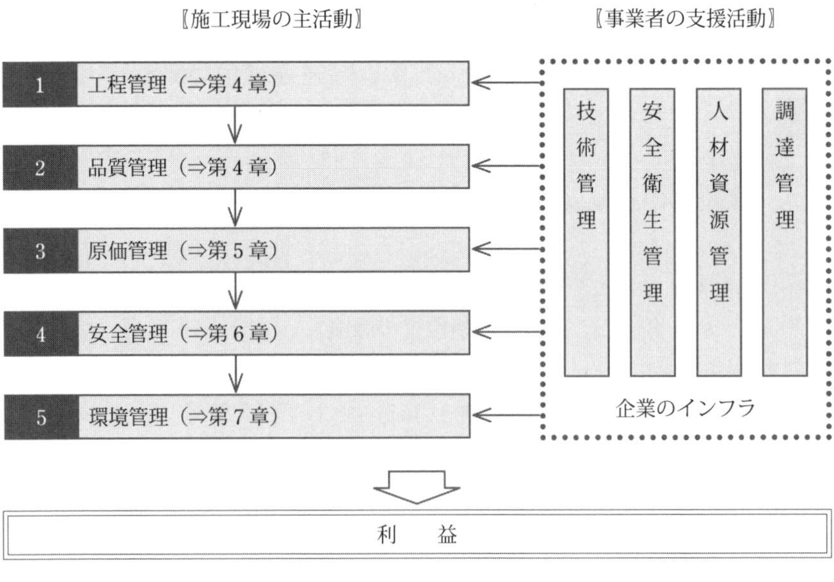

【施工現場の主活動】　　　　　　　　　【事業者の支援活動】

1	工程管理（⇒第4章）
2	品質管理（⇒第4章）
3	原価管理（⇒第5章）
4	安全管理（⇒第6章）
5	環境管理（⇒第7章）

技術管理　安全衛生管理　人材資源管理　調達管理

企業のインフラ

利　益

　建設業のバリューチェーン・マネジメントは、主に図のような主活動と支援活動に分類されます。施工現場が担う**主活動**は、**工程管理、品質管理、原価管理、安全管理、環境管理の技術サービス**（施工管理）などからなります。事業者が担う**支援活動**も、**技術管理、安全衛生管理、人材資源管理、調達管理**など

からなります。また、環境管理や調達管理など主活動、支援活動ともに取り組むものもあります。このような管理体制は企業が事業活動を行うために必要な基盤となることから**企業インフラ**のひとつと考えられます。

(2) バリューチェーン・マネジメントの進め方

　バリューチェーン・マネジメントは、思いつきだけで実行に移すのでは成功は望めません。まずは、**自社を取り巻く環境を冷静に分析**、そのうえで**自らの強みと弱みを見極め**ます。次に企業発展の適正化を推進するため、計画的に**得意分野を強化**し、弱点を補うように**各部の連携を模索**するなど計画を策定します。経営者が積極的に改革への判断を下し、実行することが重要です。

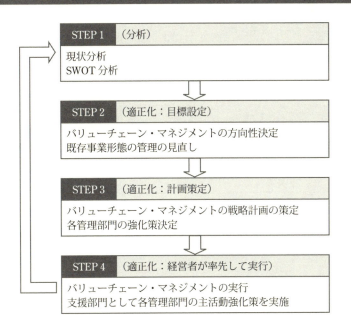

(3) バリューチェーン・マネジメントの現状の強み・弱み分析

　バリューチェーン・マネジメントの分析とは、**どの部分に強み・弱みがあるかを分析**します。これは**他社との比較**で行います（相対的な分析）。これが**SWOT分析**で、建設業では**SWOT分析による経営資源の競争優位性分析**が

第 2 章　建設業のバリューチェーン・マネジメント

あります。

　SWOT とはターゲットと比較した、内部要因である **Strength（強み）**、
Weakness（弱み）と、市場・顧客・他外的要因である外部環境である
Opportunity（機会）、**Threat（脅威）**の頭文字を取ったものです。

SWOT 分析要素		
内部 要因	Strength（強み）	一般的な発注者ニーズをベースに比較 した強みと弱み
	Weakness（弱み）	
外部 環境	Opportunity（機会）	市場・顧客・他外的要因等の外部環境要 因に対する機会と脅威
	Threat（脅威）	

建設業の SWOT 分析			
市場・顧客・他外的外部環境の **Opportunity（機会）と Threat（脅威）**		発注者ニーズをベースにした内部要因	
		Strength（強み） プラス要因	**Weakness（弱み）** マイナス要因
外 部 環 境	受注管理		
	資材・調達管理		
	施工体制管理		
	下請管理		
	人材資源管理		
	原価管理		
	品質管理		
	工程管理		
	安全衛生管理		
	環境管理		
合　　計			

◎：　極めて高い＝5点
○：　高い＝3点
△：　普通＝1点
×：　低い＝0点

　この4つの要素を内部要因（企業や組織の持つ人材、資金、技術、IT 環境、
情報、拠点などにおける発注者ニーズ）と外部要因（企業や組織を取り巻く経

2.1 建設業のバリューチェーン・マネジメントとは

済状況、技術革新、規制、顧客や競合他社との関係、予測されるビジネスチャンスなどにおける受注管理から施工管理）をクロス分析し、市場における競争優位性を把握します。バリューチェーンでは各活動の強み、弱みを SWOT によってクロス分析します。

　できるだけ多くの人、部署の意見情報を集め、ひとつの表に集約します。記号を例えば◎＝5点、◎＝3点、△＝1点、×＝0点のように数値化して集計してもかまいません。評価を低い項目を改善することで、市場における競争優位性を高めます。また、SWOT が低い活動はアウトソーシングすることも考えられます。

（4）バリューチェーン・マネジメントの最適化
　バリューチェーン・マネジメントの最適化とは、現状分析を踏まえて**長所を伸ばし、弱点を強化**する**バリューチェーン・マネジメントの方向性（全体戦略）を目標宣言**として**見える化、共有化**することです。次にバリューチェーン・マネジメントの方向性（全体戦略）に基づいて、事業を担う、技術面・営業面・組織面などの**各側面から**具体的で効果的に展開するための**実現計画（個別戦略）を策定**します。**計画策定後、支援活動部門**は、企業の主活動の強化を目指し、具体的に**指導管理**を実行します。バリューチェーン・マネジメントの成否は、最終的には経営者の実行力（リーダーシップ）にかかっています。

　本書では、**バリューチェーン・マネジメントの最適化の強化策**について具体的に説明します。第3章では、バリューチェーン・マネジメントの主活動・支援活動すべてにかかわる**コンプライアンス（法令遵守など）**について説明します。第4章では、「施工管理」にかかわる**施工管理体制**について、第5章は「原価管理」にかかわる**実行予算**について説明します。次いで第6章では「安全管理」にかかわる**安全施工サイクル**について、第7章では「環境管理」にもかかわる**建設廃棄物**について説明します。

2.1.2　建設業のバリューチェーン・マネジメントの必要性
　企業の利益は次の簡単な式が成り立ちます。

利益＝売上－費用

建設業では、売上は受注金額、費用は主活動や支援活動のコストですので、

第2章　建設業のバリューチェーン・マネジメント

$$利益＝受注金額－事業活動のコスト$$

となります。

　よって、建設企業の目的とする利益を上げるには、受注金額を増やすか、事業活動のコストを抑えるほかありません。

　建設業のバリューチェーン・マネジメントは、各活動の**コストを抑制**し、**競合他社との差別化**を図ることができます。また、建設市場のニーズにも柔軟に対応できるので、**顧客（発注者）に価値**をもたらし、建設企業の**信頼を向上**させます。

　建設業のバリューチェーン・マネジメントでは、事業活動を**主活動と支援活動**に分けて考えます。建設業のバリューチェーン概念図により、利益を上げるには、主活動の構成要素の効率を上げなくてはなりません。**建設企業全体の支援活動が、施工現場の主活動の効率を向上**させます。企業に競争優位性をもたらすには、**企業内のさまざまな活動を相互に結びつける**ことが重要なのです。各部門の個々のシステムを独立して構築するのではなく、**建設企業全体のインフラをうまく連結**させます。つまり、主活動におけるさまざまな段階で、ベストな状態を引き出すよう**支援活動を充実**させることが重要です。

　これからの建設企業の生き残り策の一つとして**コストリーダーシップ戦略**が考えられます。コストリーダーシップ戦略とは、**コストを下げるなどして価格を抑えることで顧客を集め、競合他社よりも優位に立とうとすること**です。しかし、顧客（発注者）に価値をもたらすには、ただ受注した事業を下請に出すことで利益を追求するのではなく、建設企業として「**目標利益が実際に達成できるのはどのような管理を行うべきか**」を考える必要があります。

2.1.3　建設業のバリューチェーン・マネジメントのポイント

　建設業のバリューチェーン・マネジメントでは、**危機管理体制の構築**が重要です。危機を適切に管理しなければ主活動で連鎖させる価値が大きく損なわれます。

　日本の企業は、経営トップの方針に従って、企業価値を向上させるべく、危機管理に取り組んでいます。しかし、現場での対応や工夫が要求される部分も多く、建設企業特有の危機管理の難しさから、建設業のバリューチェーン・マネジメントが実施されていないのが実情です。建設業のバリューチェーン・マ

2.1 建設業のバリューチェーン・マネジメントとは

ネジメントの実践にあたり、留意すべき点をいくつか挙げます。

(1) リーダーシップの重要性

危機管理は、**企業価値の向上に不可欠な先行投資**です。**建設業**は、製造業の品質改善や環境保全、労働安全衛生活動のように、身近な行動や状態からプロセスを改善するという**一般的なアプローチでは解決できない問題が多く**、危機管理導入を阻んでいる要因となっています。

しかし、2015（平成 27）年に起きた横浜市の大型分譲マンションにおける杭打ちデータ偽装問題では、施工した親会社の旭化成が何十億にものぼる特別損失を計上し、社長の引責辞任につながりました。このような損失を回避するためにも、全社的な**管理体制の見直し**や**コンプライアンス対応**、**広報対応の体制強化**、**社員の教育・指導**を実施する必要があるのです。

危機管理に対する先行投資は、危機を回避することによって十分回収できます。危機管理への取り組みを決断できるのは、経営トップだけです。よって、**建設業のバリューチェーン・マネジメントの成否**は、基本的に**経営トップのリーダーシップ**にかかっています。ただし、バリューチェーン・マネジメントは企業の下部組織にまで浸透しなければなりません。現場の所長にまで**経営トップの意識が浸透**することが求められます。

(2) 役割分担と責任の明確化

バリューチェーン・マネジメントに取り組むとき、施工現場、営業所、支店、本社のどの部門がどうかかわるか、といった**役割分担と責任の所在を明確にする**ことは、非常に重要です。すべての危機管理の責任を施工現場に負わせ、本社が危機管理に対して無関心となってしまうことは、リスク管理体制構築を進めるうえで大きな障害となります。後述しますが、リスクの芽は多岐にわたり、組織のあらゆる階層で発生します。大手や準大手は、社内の分業が進んでいますが、できるだけ社内の**さまざまな部門を危機管理に関与**させ、組織に**バリューチェーン・マネジメントを浸透**させる必要があります。

(3) リスク管理の実践

多くの建設企業では、平常時のリスク監視から事業危機発生時の対応まで、全社的なルールや計画を定めています。しかし、このようなリスク管理マニュ

第2章　建設業のバリューチェーン・マネジメント

アルの内容を理解している従業員はごくわずかです。広く従業員にリスク管理マニュアルを理解させるには、**実作業でマニュアルを実践していく**ことが重要です。

最も有効な手段の一つは、**契約時からリスク管理**を実践し、**段階的にチェックポイントを理解**することです。例えば、契約時に事業で発生するであろう「危機の芽」を想定し、施工当日にあらかじめ予測される危機シナリオを関係者に提示、状況判断や意思決定をさせるようにします。こういったリスクアセスメントを通して、社員はたとえリスク管理マニュアルを十分理解していなくても、リスクの芽を事前に摘み取り、大きなリスクに成長することを防ぐことができます。

実際には、通常のリスク管理マニュアルで想定しなかった事態も発生しますが、**リスクの芽を事前に摘み取っておけば、リスクの顕在化を抑える**ことができます。また、**マニュアルの内容や危機管理体制の検証**にも役立てられ、改めてリスク管理の重要性を認識できます。

ただ、**リスク管理マニュアルなどの形式に過度に依存**すると、危機管理の取り組みそのものが「**形骸化**」を招きます。

（4）外部情報・外部機関の活用

建設企業は、危機管理やリスクマネジメントにおいて、**情報を収集することの重要性**に気づくべきです。マスコミなどで報道されるリスクやほかの企業の対応など情報を積極的に収集し、自社で同様のリスクが発生する可能性を検証しておきます。そして、常に現事業内容を検証し、全社的にマネジメントのレベルアップを図る必要があります。

往々にして企業は、利益をどの程度維持するかに重点を置き、組織内部の評価が甘く、内部情報を隠ぺいします。杭打ちデータ偽装問題では、事態が進展するにつれ、客観的評価がなされ、危機管理のレベルや実効性の低さが露見しました。**認証組織だけによるリスクマネジメント**では、内部に有利な手法のみが採用されるので、**限界**があると危惧されます。

こういった点において、バリューチェーン・マネジメントの取り組みを確実に進めるためには、企業の組織から完全に分離した、**外部機関、評価会社、コンサルティング会社などを活用**することも、非常に有効な手段と言えます。

2.2　建設業のバリューチェーン・マネジメントの主活動

　バリューチェーン・マネジメントは、主活動と支援活動に分類されることは上述しました。**施工現場の主活動**の基本は、**施工管理体制を充実**させ、**原価管理を徹底**、**安全管理と環境対策を指導**することです。それによりバリューチェーン・マネジメント最下流で、利益を増加させます。

2.2.1　施工管理体制の充実

　施工現場の主活動は、発注者と受注者との間の契約に基づいて、高品質な建設生産システムを構築することです。施工現場において契約の適正化を図るには、**元請人と下請人との間の契約**をはじめ、すべての契約について、**対等な立場に立って、それぞれの責任と役割を明確化**することが重要です。「**元請人**」とは、**下請契約における注文者で建設業者である者**をいい、「**下請人**」とは、**元請人と下請契約を交わした者**をいいます。

　施工管理体制の充実は、適正な施工の確保にも資するものであり、それにより**高品質な生産物を提供**するとともに、関係するすべての**受注者**が**施工内容に見合った利益を確保**します。結果、発注者や最終消費者の利益にもつながります。

　後述する建設業法においては、公共工事、民間工事にかかわらず、発注者、元請人、下請人の契約当事者は、各々対等な立場における合意に基づいて、契約締結およびその履行を図るべきとしています。発注者と受注者に対しても、対等な関係の構築および公正・透明な取引の実現を図らねばならないとしています。

　また建設業法では、**不当な施工体制での請負代金の中間搾取の禁止、不適切な配置技術者の禁止**など、**契約適正化のために契約当事者が遵守すべき最低限の義務**などを定めています。これらの規定の趣旨が十分に認識されていない場合が多く、建設関連法の遵守とコンプライアンスが徹底されず、労働環境の悪化による災害や環境問題の発生などにより、建設業の健全な発展と建設工事の適正な施工を妨げるおそれがあります。**建設関連法令の遵守とコンプライアンスは、受発注者双方が徹底を図らなければならない**もので、**バリューチェーン・マネジメントの基本**です。

第 2 章　建設業のバリューチェーン・マネジメント

建設事業者は工事を受注し、引き渡しまでにどのような対応をとるべきか、また、どのような行為が不適切であるかを理解することが大切です。

2.2.2　原価管理の徹底

工事利益は次式で表せます。

完成工事総利益＝完成工事高－完成工事原価

工事利益を上げるためには、**元請人、下請人を問わず、会社レベル、施工現場レベルで目標利益金額を設定することが有効**です。現場代理人は、会社が設定した目標利益金額以上を確保するため、常に工事の進行状況を把握し、出来形、出来高の管理データと比較することが大切です。現場代理人は工事現場に常駐し、目標利益に達しない出来高が予測される場合、発生原価を抑制する工法を検討します。状況によっては、**発注者**や派遣された**監督職員と協議し、工法の変更、外注金額や購買金額の見直し**などの設計変更を考えなければなりません。**現場代理人の使命**は、**施工管理状況を正確に把握して実行予算を弾力的にコントロールすること**です。これが利益の進捗管理の要となっていることを理解してください。

2.2.3　安全衛生の確保

建設工事の安全管理では、さまざまな対策が採られていますが、ほとんどの対策が独自の判断で講じられています。この傾向は特に地方の中小企業で顕著です。安全衛生管理に関する知識不足により、一瞬の気のゆるみが、多くの生命・財産を脅かすような事態を招いています。**労働災害発生の原因**は、**労働衛生管理をマネジメントとして捉えていない**こととです。

例えば、労働安全衛生法の第 3 条第 3 項では、発注者が配慮すべき事項を定めています。また、元方事業者には、下請人が法令に違反しないよう指導するとともに、違反しているときは是正の指示を行わなければならないことが、第 29 条および第 29 条の 2 で定めています。特に、危険な場所で作業をするときは、危険を防止するための措置が適切に行われるように、技術上の指導等の必要な措置を下請人に対して行わなければならないとされています。

建設事業では多くの元請や下請の作業員が、一つの場所で混在して作業します。元請人は**労働災害を防止する**ため、「**協議組織の設置および運営**」「**作業間**

の連絡および調整」「作業場所の巡視」「教育に対する指導および援助」などの措置を講ずることとされています。**地方の建設事業者**は、**安全対策において細かい基準に従うことだけ**に専念し、労働災害防止の基本である、工事に従事する人の**安全衛生管理の知識と対策の習得が十分ではありません**。作業環境に対し、**常日ごろから防災意識を高めておく**ことが重要です。

2.2.4　環境対策の強化

　建設事業の環境対策は、**騒音、振動、廃水対策や廃棄物処理**などです。建設機械による騒音や振動対策、廃水対策については、厳しい基準が設けられています。本書では主に廃棄物処理を取り上げます。

　木くず、がれき類など解体で発生する建設廃棄物については、不適正処理による**不法投棄**が横行し、生活環境保全上の大きな問題となっています。不法投棄は、住民に**建設廃棄物の処理に対する不信感**を生じさせる大きな要因となります。

　建設工事おいては、工事の発注者、工事を直接請け負った元請業者、元請業者から建設工事等を請け負った下請業者など、多数の関係者がいて複雑な関係を形成しています。そのため、**廃棄物処理の責任の所在があいまい**になってしまうおそれがあります。建設廃棄物の処理は、下請業者が実際は行っている場合であっても、基本的には、**発注者から直接工事を請け負った元請業者が排出事業者**です。廃棄物の処理責任は、最終的に元請業者が負うことになっています。

　建設廃棄物の適正処理を図るためには、**排出事業者が建設廃棄物の発生抑制、再生利用、減量化など、排出事業者としての責任を果たす**ことが大切です。発注者などの排出事業者以外の関係者であっても、実際の企画調整などを行っている場合は、その関係者がそれぞれの立場に応じた責務を果たすことが求められます。

第2章　建設業のバリューチェーン・マネジメント

2.3　建設業のバリューチェーン・マネジメントの支援活動

バリューチェーン・マネジメントによる利益増加には、**施工（主活動）に対する本社技術支援（支援活動）の構成要素の効率を上げる**ことも重要です。建設事業における支援活動の構成比率を上げることで、発注者の高評価や粗利益の増加が期待できます。**本社技術支援（支援活動）**とは、**施工（主活動）**の各段階（工程）で、**全社的にバックアップ**することです。建設業のバリューチェーン・マネジメントでは、施工現場とその工事監理責任者を会社全体で応援、指導する支援活動が大切です。それにより、競合他社との技術的な差別化を図ることができ、企業の競争優位を確立します。

支援活動の基本は、社内管理体制の拡充により、主活動を担う施工現場に対し、**建設関連法令の遵守とコンプライアンスを指導**することです。データ偽装問題などは、このような支援活動を疎かにした結果です。

2.3.1　技術管理

建設事業者は「一般建設業」「特定建設業」の分類により、所定の技術者を配置しなければなりません。一般建設業か特定建設業かの判断は、元請として下請に発注する額によって決まります。請負額による制限は受けません。比較的規模の大きい工事を元請として受注した場合でも、その全部を自社施工するなど、下請発注額が 4,000 万円（建築一式工事 6,000 万円）未満であれば、一般建設業の許可でも大丈夫です。

（1）一般建設業

一般建設業の許可を受けるには、次の要件を満たさなければなりません（建設業法第 7 条）。

① **経営業務の管理責任者**がいること（**5 年以上経営業務の管理責任者としての経験を有する常勤の役員または事業主**）

② **営業所ごとに専任の技術者**がいること（**指定学科を修めた実務経験 3 年以上の大卒、5 年以上の高卒、または実務経験 10 年以上の技術者、登録基幹技能者講習を修了した者のうち国土交通大臣がみとめるもの**）

③ 請負契約に関して不正または不誠実な行為しないこと

④ 財産的基礎（自己資本 500 万円以上）、金銭的信用のあること

⑤ 許可を受けようとする者が一定の欠格要件に該当しないこと

このように、① **管理責任者**、② **専任技術者**に関しては「名義借り」でなく、**常勤の役員または事業主、社員**であることが必須です。これらの資格者なしに許可を取ることはできません。これは許可取得・更新時だけでなく継続して必要な要件であり、退職したり資格を失ったりした場合は、有資格者を補充するか、あるいは建設業を廃業するしかありません。

（2）特定建設業

特定建設業の許可は、一般建設業の要件を満たすとともに、さらに② 専任技術者、④ 財産的基礎に厳しい条件を定めています（建設業法第 15 条）。

② **営業所ごとに建設業の種類に応じた高度な技術検定合格者・1 級国家資格取得者**、または**指導監督的な実務経験 2 年以上の技術者、登録基幹技能者*講習を修了した者のうち国土交通大臣がみとめるもの**を専任で設置すること

④ 資本金 2,000 万円以上かつ自己資本 4,000 万円以上、欠損額が資本金の 20％以下、流動比率 75％以上をすべて充足する財産的基礎があること

＊登録基幹技能者は次頁を参照

（注意）

建設業（建設会社）の許可制度における「**営業所の専任技術者**」は、**施工現場の主任技術者や監理技術者になることができません**。

「営業所の専任技術者」は、請負契約の締結にあたり**技術的なサポート（工法の検討、発注者への技術的な説明、見積など）**を行うことがその職務です。したがって、**所属営業所に常勤し、施工現場に対する技術的なサポート**を担わなければなりません。これが地方の建設業者では疎かにされています。

ただし、技術者の専任性が求められない工事であって、「**当該営業所で契約締結した建設工事**」で「**工事現場が職務を適正に遂行できる程度近接**」しており「**当該営業者と常時連絡が取れる状態**」である場合には、例外的に**専任技術者が施工現場の主任技術者や監理技術者を兼務**することができます（すべての条件を満たす必要があります）。

第 2 章　建設業のバリューチェーン・マネジメント

登録基幹技能者制度の概要

　基幹技能者制度は、1996（平成 8）年に専門工事業団体による民間資格としてスタートしました。2008（平成 20）年 1 月に建設業法施行規則が改正され、新たに「**登録基幹技能者制度**」（**工事現場の主任技術者に対応し、監理技術者にはなれません**）として位置づけられることになりました。**登録基幹技能者は資格を取得後 5 年ごとに資格を更新**しなければならず、修了証の有効期限を迎える基幹技能者を対象に、更新講習は全国の各支部が主催して順次実施しています。

　登録基幹技能者は、熟達した作業能力、豊富な知識、現場を効率的にまとめるマネジメント能力（工事の品質・コスト・安全など）を備えた技術的な能力も保有し、現場の責任施工を担える優れた技能者です。専門工事業団体の資格認定を受けた技能者となっています。基幹技能者は、いわゆる上級職長に位置づけられる立場にあり、通常の職長とはその役割が異なります。登録基幹技能者が配置された工事は、監理技術者評価、元請企業評価、雇用企業評価の対象となります。

◎ 現場の状況に応じた技術者に対する施工方法などの提案、調整
◎ 現場の作業を効率的に行うための技能者の適切な配置、作業方法、作業手順等の構成
◎ 生産グループ内の技能者に対する施工に関する指示、指導
◎ 前工程・後工程に配慮したほかの職長との連絡・調整よって、基幹技能者には少なくとも以下の特権が与えられています。
◎ 登録基幹技能者は、経営事項審査（経審）の評価対象
◎ 登録基幹技能者の配置は、公共工事における**総合評価落札方式の「総合評価」の加点対象項目**、元請建設業者の「**優良技能者認定制度**」における認定要件
　登録基幹技能者は、2018（平成 30）年 4 月 1 日より、**主任技術者要件を満たす者**として認められることとなりました。
（平成 29 年国土交通省令第 67 号、平成 30 年国土交通省告示第 435 号）
　主任技術者の要件を満たしていることを講習修了証により証明できるようにするため、速やかに**講習修了証の再交付に努める**よう、登録講習実施機関へ要請しています。
（平成 30 年 3 月 15 日付国土建整第 70 号「登録基幹技能者講習事務の取扱いについて（通知）」国土交通省土地・建設産業局建設市場整備課長通知）
〔登録基幹技能者講習の受講要件〕
① **基幹的な役割を担う職種で 10 年以上の実務経験**
② **3 年以上の職長（労働安全衛生法第 60 条に基づく職長教育の受講）経験**
③ **実施機関が定める資格（一級技能士等の最上級の技能者資格等）の保有**
〔資格者数〕33 職種（43 機関）62,487 人（平成 30 年 3 月末現在）

登録基幹技能者制度の課題

　登録基幹技能者の約 1 割が 5 年ごとの更新をせず、資格を放棄しています。資格を持つ技能者にとってメリットがある制度にしなければなりません。登録基幹技能者の資格を持っている技能者とそうでない者は、明らかな待遇の違いや地域による偏在性も発生しています。

　社会資本の品質を確保し、建設事業者の担い手を確保するには、主任技術者の要件として位置づけられるように、**登録基幹技能者を正当に評価する**土壌を醸成するべきです。登録基幹技能者が資格更新時に、最新の情報を学び直すことで、**登録基幹技能者の能力の担保と向上**につなげ、**発注者や建設事業者**にとっても**大きなメリット**となるような活用を展開すべきです。

＊講習は各工業団体により「講義」と「試験」を実施します。登録基幹技能者講習を終了した者に対して、講習修了証が交付されます。
＊国土交通大臣が認める**登録基幹技能者講習の種目と実施機関**を次表に示します。

2.3 建設業のバリューチェーン・マネジメントの支援活動

建設業の種類 登録基幹技能者講習実施機関	登録基幹技能講習の種目
大工工事業 （一社）全国中小建築工事業団体連合会	登録型枠基幹技能者 登録建築大工基幹技能者
左官工事業 （一社）日本左官業組合連合会	登録左官基幹技能者 登録外壁仕上基幹技能者
とび・土工工事業 （一社）日本建設躯体工事業団体連合会 （一社）日本鳶工業連合会 （一社）全国コンクリート圧送事業団体連合会 （一社）プレストレスト・コンクリート工事業協会 （一社）日本トンネル専門工事業協会 （一社）日本機械土工協会 ダイヤモンド工事業協同組合 （一社）日本グラウト協会 （一社）全国基礎工事業団体連合会 （一社）日本基礎建設協会 （一社）全国道路標識・標示業協会	登録橋梁基幹技能者 登録コンクリート圧送基幹技能者 登録プレストレスト・コンクリート工事基幹技能者 登録トンネル基幹技能者 登録機械土木工基幹技能者 登録PC基幹技能者 登録鳶・土工基幹技能者 登録切断穿孔基幹技能者 登録エクステリア基幹技能者 登録グラウド基幹技能者 登録運動施設基幹技能者 登録基礎工基幹技能者 登録標識・路面表示基幹技能者 登録機械土工基幹技能者 登録海上起重基幹技能者
石工事業 （一社）日本左官業組合連合会	登録エクステリア基幹技能者
屋根工事業 （一社）日本建築板金協会	登録建築板金基幹技能者
電気工事業　電気通信工事業 （一社）日本電設工業協会	登録電気工事基幹技能者
管工事業 （一社）日本空調衛生工事業協会 （一社）日本配管工事業団体連合会 全国管工事業協同組合連合会 （一社）全国ダクト工業団体連合会	登録配管基幹技能者 登録ダクト基幹技能者 登録冷凍空調基幹技能者
タイル・れんが・ブロック工事業 （一社）日本タイル煉瓦工事工業会	登録エクステリア基幹技能者 登録タイル張り基幹技能者
鋼構造物工事業 （一社）日本橋梁建設協会	登録橋梁基幹技能者
鉄筋工事業 （公社）全国鉄筋工事業協会 全国圧接業協同組合連合会	登録PC基幹技能者 登録鉄筋基幹技能者 登録圧接基幹技能者

第2章　建設業のバリューチェーン・マネジメント

舗装工事業 （一社）日本運動施設建設業協会	登録運動施設基幹技能者
ガラス工事業 全国板硝子工事協同組合連合会 全国板硝子商工協同組合連合会	登録硝子工事基幹技能者
塗装工事業 （一社）日本塗装工業会	登録建設塗装基幹技能者 登録外壁仕上基幹技能者 登録標識・路面標示基幹技能者
防水工事業 （一社）全国防水工事業協会	登録防水基幹技能者
内装仕上工事業 （一社）全国建設室内工事業協会 日本建設インテリア事業協同組合連合会 日本室内装飾事業協同組合連合会	登録内装仕上工事基幹技能者
熱絶縁工事業 （一社）日本保温保冷工業協会 （一社）日本冷凍空調設備工業連合会	登録保温保冷基幹技能者 登録冷凍空調基幹技能者
造園工事業 （一社）日本造園建設業協会 （一社）日本造園組合連合会	登録造園基幹技能者 登録運動施設基幹技能者
建具工事業 （一社）日本サッシ協会 （一社）カーテンウォール・防火開口部協会	登録サッシ・カーテンウォール基幹技能者
消防施設工事業 消防施設工事協会	登録消火設備基幹技能者

2.3.2　安全衛生管理

　発注者、元請人が最も配慮すべき主活動と支援活動は、労働安全衛生の確保です。建設現場での労働災害の内容をみると、必要な災害防止の措置が取られておらず、作業者のちょっとした気の緩みや認識不足による安易な判断などから、重大な災害につながった例が数多くあります。

　悲惨な**死亡事故**は、**残された家族へ深刻な影響**を及ぼします。**建設事業者**は人命尊重の観点から**安全管理の認識を深め、労働災害の未然防止に全力を尽く**さなければなりません。建設事業者は**わずかな判断の誤りから労働災害を発生させ**、これまで**築き上げた社会的信用を損なう**ことがないように、**安全管理に細心の注意**を払いましょう。

2.3　建設業のバリューチェーン・マネジメントの支援活動

労働災害の発生は、**建設業法の監督処分**や都道府県、市町村など各発注機関の**指名停止措置の対象**になり、経営にも大きく影響します。**建設事業者**は日ごろから施工現場における**安全衛生教育の徹底に努める**必要があります。

（1）発注者が配慮すべき事項

　建設業は、ほかの製造業とは違い、**屋外で事業**を行うことが多く、また、**一品生産**ですから現場ごとに状況が異なります。このようなことから、作業環境や作業方法に特別な危険を伴うことも多く、**労働災害が発生しやすく**なっております。建設業における安全衛生管理の向上は重要な課題です。

　発注者自身も以下の事項について配慮が求められています。請負人による勝手な設計変更など、労働安全衛生を損なう判断を防ぐようにします。

【発注者が配慮すべき事項】（安衛法第3条第3項）

　発注者は、労働災害防止のために以下の事項に配慮しなければなりません。

■ 配慮すべき事項

・施工時の安全衛生の確保に配慮した工期の設定、設計の実施など

・施工時の安全衛生を確保するために必要な経費の積算と発注時での計上

・施工時の安全衛生を確保するうえで必要な施工条件の明示

・工事規模に応じた適切な施工業者の選定

・分割発注などにより工区が分割され複数の元方事業者が存在する工事では、「個別工事間の連絡および調整」「工事全体の労働災害防止協議会の設置」

■ 上記のうち、とくに発注後に元請人の実施を確認すべき事項

・施工条件の明示

　安全を確保するため、施工現場での土砂や岩石の掘削、工事の振動などによる落石、雪崩、土砂崩壊などに備える防護設備の設置

・個別工事間の連絡および調整

　近接する工事における、発注者と複数の請負業者間の情報共有と連絡・調整体制の整備（非常時の臨機の措置など）、請負業者間の統括安全衛生管理義務者の指名

・工事全体の労働災害防止協議会の設置

　各現場の元方事業者など（受注者）で構成される労働災害防止協議会の設置による、各現場の連絡調整と安全衛生意識の向上

第2章　建設業のバリューチェーン・マネジメント

（2）建設業（建設会社）が守らなければならない安全衛生管理体制
　　（法第10条、施行令第2条）
　元請人は下請人を含め、**施工現場の安全衛生管理体制を確立**します。元請人の**所長**は、「**毎日の安全施工サイクル**」により、作業方法や安全対策の**打ち合わせを密**にし、**労働者を指導**します。そして、**安全管理状況を安全衛生管理者に報告**し、施工現場における**正しい措置を実施**してください。
　建設業（建設会社）は、**常時100人以上の労働者を使用する**場合、**総括安全衛生管理者を選任**し、**安全管理者、衛生管理者、産業医を選任**しなければなりません。**従業員が50人以上、99人までは安全管理者、衛生管理者、産業医を選任**しなければなりません。

事業場に置くべき安全衛生管理者	
常時従業員	安全衛生管理者
100人以上	総括安全衛生管理者の選任
50〜99人	安全管理者、衛生管理者、産業医の選任
10〜49人	安全衛生推進者の選任
1〜9人	事業者が安全・衛生管理を行う

1）安全管理者の選任（法第11条、施行令第4条、規則第4〜6条）と業務
　事業者は、**常時50人以上の労働者を使用する場合**、厚生労働省令（規則第5条）で定める資格を有するもののうちから、**安全管理者を選任**しなければなりません。安全管理者は総括安全衛生管理者の業務のうち、**安全に係る技術的事項を管理**しなければなりません。
2）衛生管理者の選任（法第12条、施行令第3条、規則第7〜12条）と業務
　事業者は、**常時50人以上の労働者を使用する場合**、都道府県労働局長の免許を受けた者その他、厚生労働省令（規則第10条：医師、歯科医師、労働衛生コンサルタント、厚生労働大臣の定める者）で定める資格を有するもののうちから、**衛生管理者を選任**しなければなりません。衛生管理者は総括安全衛生管理者の業務のうち、**衛生に係る技術的事項を管理**しなければなりません。
3）安全衛生推進者の選任（法第12条の2、規則第12条の2〜4）と業務
　事業者は、**常時10人以上50人未満の労働者を使用する場合**、厚生労働

省令（規則第12条の3）で定めるところにより、**安全衛生推進者を選任**しなければなりません。安全衛生推進者は**総括安全衛生管理者の業務を担当**しなければなりません。

　なお、**総括安全衛生管理者が統括管理しなければならない業務**は以下のとおりです。

　　◎ 労働者の**危険または健康障害を防止するための措置**に関すること
　　◎ 労働者の**安全または衛生のための教育の実施**に関すること
　　◎ **健康診断の実施その他健康の保持増進のための措置**に関すること
　　◎ **労働災害の原因の調査および再発防止対策**に関すること
　　◎ 労働災害を防止するため必要な業務で、**厚生労働省令で定めるもの**

(3) 建設業（建設会社）が実施しなければならない施工現場の指導

　建設会社では、店社（本社、支店、営業所など）としての**安全衛生管理計画**、**工事用機械設備の点検基準の作成**、**各種安全衛生情報の提供**とともに、**安全衛生パトロールを実施**し、施工現場の安全衛生管理に関する指導を充実させます。特に、**統括安全衛生責任者に準ずる者や元方安全衛生管理者に準ずる者が選任されていない建設工事現場**については、**店社で店社安全衛生管理者に準ずる者を選任**します。混在作業が存在する建設工事現場において、労働災害を防止するため**統括安全衛生管理を充実**させ、安全管理に必要な事項を確実に指導させます。なお、店社安全衛生管理者に準ずる者が指導する建設工事現場の数については、職務の内容、担当する現場の遠近などを考慮します。店社は店社安全衛生管理者に準ずる者が職務を確実に行える工事現場数を担当させるよう十分配慮することが大切です。

　その他、元請人は、統括安全衛生責任者に準ずる者、元方安全衛生管理者に準ずる者、店社安全衛生管理者に準ずる者に建設業労働災害防止協会の行う**「店社安全衛生管理者等レベルアップ研修」**などの**講習を受講**させるよう努めます。

第2章　建設業のバリューチェーン・マネジメント

2.3.3　人材資源管理

　元請人が配慮すべき支援活動は、**労働保険と社会保険の加入**の促進です。

　建設会社が負担する保険は、労働保険と社会保険です。**労働保険は雇用保険、労災保険**に、**社会保険は医療保険と年金保険**に分けられます。

（1）労働保険と社会保険の加入が原則

「一般建設業」「特定建設業」も**労働保険、社会保険に加入していないと事業ができません。**

　社会保険等の未加入者に対し国土交通省は、2012年（平成24）年7月に公共事業の受注に必要な**経営事項審査の減点幅を拡大**し、11月1日より建設業許可申請・更新時の際に、**社会保険等の加入状況を記載した書面の提出**と**施工体制台帳への保険加入状況の記載**を求めました。

　国土交通省は、建設業許可業者において、労働保険、社会保険の100％の加入を目指しております。平成30年現在、国土交通省では**社会保険加入を許可要件とする方向**で話を進めており、未加入の業者は、**建設業許可が継続されなくなります**。そのため、元請人は**未加入の下請人と契約しない、未加入の作業員を現場に入れない**などといった措置を徹底する必要があります。

　2017（平成29）年4月に「**建設業の社会保険未加入対策について（案）**」が国土交通省から示されていますので、以下にその概要をまとめてみます。

◎ 労働者単位を含めた社会保険の加入について、**元請人から下請人に対する加入指導と責任の強化**が検討されます。

◎ 国の建設業許可部局に**未加入企業は通報**されます。それに加え、二次下請以下の未加入事業者に対する対策が検討されます。

◎ 地方公共団体の発注する工事においては、**入札競争参加資格審査**等に対して**元請業人として参加が排除**されます。**未加入業者との下請契約締結が禁止、許可行政庁等への通報**など必要な措置が講じられます。下請業者も含めて公共工事から排除を図るように入札契約適正化法に基づき要請されます。

◎ 国土交通省ホームページで一般に公開している「建設業者・宅建業者等企業情報検索システム」に、**企業ごとの社会保険の加入状況に関する情報**が**追加**され**公表**されます。

　このように、社会保険に加入していないと、**社会保険部局に通報**され、**強制加入措置**を受けます。状況によっては建設業担当部局から**監督処分**を受けるこ

とがあります。また、国や都道府県からは、建設業の許可・更新時、経営事項審査（経審）時、建設会社への立入検査時に**社会保険への加入指導**を受けることになります。元請人は、下請人の登録審査時や下請契約時などに、社会保険の加入状況を確認し、未加入の場合は、**下請人に対し社会保険への加入を指導**します。

（2）元請人の会社の労災が使われます

建設現場においての労災保険は、個々の下請人を独立した事業体として取り扱いません。**各下請人を元請人の会社と一体とみなし、一つの事業体**として取り扱います。

建設現場の作業で発生した労働災害は、元請人が加入する労災保険で補償されます。したがって、**保険料の納付**や**加入手続**なども原則、**元請人が担う**仕組みになっています。ただし、**雇用保険、社会保険等は個々の下請人独自の手続きや保険料納付が必要**です。労災保険は通勤途上の災害についても、労働者の業務として給付が行われます。しかし、労働者ではない**各下請人の事業主や一人親方**は、**元請人の加入する労災保険では補償されません**。

なお、建設会社や個人事業主、労働者に対する労働保険、社会保険の加入の判断基準を説明します。建設会社が負担する保険は、**労働保険**と**社会保険**です。**労働保険は雇用保険、労災保険**に、**社会保険は医療保険と年金保険**に分けられます。公共工事の建設事業において、以下の表で示すような条件で、**労働保険は「就労属性」**により、**社会保険は「事業所形態」**により、加入していることが下請人の適用条件となります。

ただし、労働保険の中でも、工事を担う**労災保険は元請人が一括加入して支払う**のが原則です（しかし、常用労働者でも法人の役員、個人事業主に対しては、元請人は負担する必要はありません）。通常、下請人が、**「個人事業主」「法人の役員」「一人親方」「個人事業主・法人の家族従事者」などでは労災保険の対象者とはなりません**。しかし、**業務の実態が常用労働者と同様で業務災害・通勤災害の危険性がある場合、労災保険で保護**されます。この制度が**特別加入制度**です。

【下請人が法人形態】労働保険、社会保険の加入義務等

常用労働者※1		労働保険		社会保険		法人負担（賃金等に対する比率）
就業形態	労働者数	雇用保険	労災保険	医療保険	年金保険	
常用労働者	1人〜	雇用保険（法人負担1.150%）	元請一括加入（法人負担なし）	協会けんぽ、健康保険組合等※1※2	厚生年金※3（法人負担8.159%）	雇用、医療、年金の3保険（14.804%）を負担
役員等		-	特別加入（法人負担あり）			医療、年金の2保険（13.654%）＋労災保険料を負担
日雇労働者	-	日雇雇用保険（法人負担1.150%＋日額48円〜88円）	元請一括加入（法人負担なし）	国民健康保険または協会けんぽ（日雇特例被保険者）※1	国民年金（法人負担なし）	日雇雇用保険（1.150%＋日額48円〜88円）のみを負担　医療、年金は日雇労働者が負担

＊事業主負担がない部分□

【下請人が個人事業主形態】労働保険、社会保険の加入義務等

常用労働者※1		労働保険		社会保険		個人事業主負担（賃金等に対する比率）
就労形態	労働者数	雇用保険	労災保険	医療保険	年金保険	
事業主、一人親方	-	-	特別加入（一人親方の負担あり）	国民健康保険（個人事業主負担なし）	国民年金（個人事業主負担なし）	労災保険料を特別加入として一人親方自らが負担
常用労働者	1〜4人	雇用保険（個人事業主負担1.150%）	元請一括加入（個人事業主負担なし）			雇用保険を負担1.150%
	5人〜			協会けんぽ、健康保険組合等※1※2	厚生年金※3（個人事業主負担8.159%）	雇用、医療、年金の3保険（14.804%）を負担
日雇労働者	-	日雇雇用保険（個人事業主負担1.150%＋日額48円〜88円）		国民健康保険または協会けんぽ（日雇特例被保険者）※1	国民年金（個人事業主負担なし）	日雇雇用保険（1.150%＋日額48円〜88円）を負担

＊事業主負担がない部分□

2.3 建設業のバリューチェーン・マネジメントの支援活動

労働保険の負担の適用と適用除外		
	強制適用される就労属性と負担額	強制適用除外の就労属性
雇用保険	・常用労働者[※1]（法人、個人事業主の負担 1.150％） ・日雇労働者（法人、個人事業主の負担 1.150％＋日額 48 円～ 88 円） ＊日々雇い入れられる労働者が日雇雇用保険に加入する場合は、被保険者自らが届け出る必要があります。	・1 週間の所定労働時間が 20 時間未満である者 ・31 日以上継続して雇用される見込みがない者 ・大学や専修学校の学生・生徒等であって厚生労働省令に定める者
労災保険	・常用労働者[※1]でも、下請人が法人の役員や個人事業主、一人親方等は、特別加入制度の労災保険にする負担があります。	・法人の役員や個人事業主、一人親方等以外の常用労働者[※1]

社会保険の負担の適用と適用除外		
	医療保険と厚生年金保険の強制適用となる者の事業所形態	医療保険と厚生年金保険の強制適用除外となる者の事業所形態
医療保険	・常時使用される者が協会けんぽ、健康保険組合等の適用を受ける法人事業所もしくは 5 人以上の個人事業主[※3]	・常時使用される者が、協会けんぽ、健康保険組合等の適用を受けない 5 人未満（1 ～ 4 人）の個人事業主の事業所 ・医療保険の強制適用事業所で働く労働者でも、「個人事業主とその家族従業員」「一人親方等」「常用労働者以外の短時間労働者」「季節労働者等」 ・国民健康保険に加入し、健康保険の適用除外の承認を受けている日雇労働者[※4]（一部の国民健康保険組合については事業主負担がありますが、義務づけはありません。医療保険には事業主負担が原則で介護保険料を含みます）
年金保険	・常時使用される者が 5 人以上（厚生年金）の常用労働者（法人事業所、個人事業主の負担は 8.159％）	・常時使用される者が、国民年金に加入（法人、個人事業主の負担なし）している 5 人未満（1 ～ 4 人）の常用労働者

第2章　建設業のバリューチェーン・マネジメント

臨時に使用される季節労働者、日雇労働者等の医療保険適用除外者	日々雇い入れられる者 （1か月を超え、引き続き使用されるに至った場合を除く） ・2か月以内の期間を定めて使用される日雇労働者（2か月を超え、引き続き使用されるに季節労働者等至った場合を除く） ・事業所又は事務所の所在地が一定しない者に使用される日雇労働者 ・季節的業務で使用された季節者（継続して4か月を超えて使用されるべき場合を除く） ・臨時的事業の事業所で使用される季節労働者、日雇労働者（継続して6か月を超えて使用されるべき場合を除く） ・国民健康保険組合の事業所で使用される日雇労働者 ・後期高齢者医療の被保険者となる日雇労働者 ・厚生労働大臣、健康保険組合又は共済組合の承認を受けた季節労働者、日雇労働者（健康保険の被保険者でないこと、国民健康保険の被保険者であるべき期間に限る。）

労働保険と社会保険の負担比率と金額は、事業形態により労働保険の負担比率は細かく定められています。また、介護保険は全国一律1.58％ですが、健康保険は都道府県の協会けんぽで、健康保険は職種や厚生年金基金の加入者により異なります。

法人、個人事業主の労働保険と社会保険の負担比率と金額		
常用労働者[※1]		法人、個人事業主負担（賃金等に対する比率）
就労形態	労働者数	
事業主 一人親方	-	労災保険料を特別加入として一人親方自らが負担
法人の役員等	-	法人事業所が医療、年金の2保険（13.654％）と労災保険料を特別加入として負担
常用労働者	1〜4人	個人事業主形態では雇用保険（1.150％）を負担、法人形態は雇用、医療、年金の3保険（14.804％）を負担
	5人〜	法人事業所、個人事業主形態共に雇用、医療、年金の3保険（14.804％）を負担
日雇労働者	-	法人事業所、個人事業主共に日雇労働保険（1.150％）のみを負担＋日額48円〜88円　医療、年金は日雇労働者が負担

＊適用関係について詳しくは、近くのハローワーク等にお問い合わせして確認してください。

※1 常用労働者とは、短時間労働者でも1日あるいは1週間の労働時間及び1ヶ月の勤務日数が、一般社員の概ね4分の3以上をいいます。常用労働者の「厚生年金保険（労働者数5人以上）」には、児童手当拠出金を含みます。厚生年金基金加入の社員は負担の強制適用は除外されます。

※2 雇用保険は事業主負担が異なります。ただし、下請人の技術者兼務役員（例えば、取締役・工事部長）について、工事の主任技術者、監理技術者としての業務期間は加入可ですが、技術役員とした場合は雇用保険に加入はできません。

2.3 建設業のバリューチェーン・マネジメントの支援活動

今まで 65 歳に達した日以後新たに雇用される者は、雇用保険の強性適用除外でしたが、平成 29 年 1 月 1 日より、こうした年齢制限は撤廃され、満 65 歳以上でも新規で雇用保険に加入することができるようになりました。また、平成 32 年 4 月 1 日より、4 月 1 日時点で満 64 歳以上の雇用保険料免除措置が廃止されます。

※ 3 強制適用となる者とは、常時使用される者が法人または 5 人以上の個人事業主で協けんぽ、健康保険組合等の被保険者です。協会けんぽ東京支部（平成 23 年度保険料率：介護保険 2 号被保険者保険料率を含む）の事業主負担は 5.495％です。強制適用となる者であっても厚生労働大臣の承認を受けた場合では、健康保険の被保険者ではなく、国民健康保険組合の被保険者となることができます。

※ 4 日雇労働者は医療保険として、自ら国民健康保険に加入する必要があります。適用事業所で働いていますが、表に示す一定の条件を満たす者は、健康保険の適用除外の承認を受けることで、健康保険の日雇特例被保険者として事業主負担はありません。
また、生活保護を受給している者も国民健康保険の適用除外となります。

（3）派遣社員の労働保険と社会保険の加入条件

一方、**派遣社員**として**労働保険や社会保険に加入できるのかの判断**も必要です。以下の表で示したとおり個人の労働時間の内容で判断してください。

労働保険・社会保険の加入資格要件			
保険の種類	加入資格要件		
	労働時間	月額賃金	納付年齢
雇用保険	◎ 雇用契約期間が 31 日以上または 31 日以上の見込みが必要で、週の所定労働時間が 20 時間以上あることが条件です。		
健康保険・年金保険	◎ 雇用契約期間が、1 年以上または 1 年以上の見込みが必要です。また、常用労働者に対する週の所定労働時間が 3/4 以上（30 時間以上）、月の就業日数が 3/4 未満（15 日未満）です。 ◎ 雇用契約期間が、1 年以上または 1 年以上の見込みが必要ですが、常用労働者に対する週の所定労働時間が 3/4 未満（30 時間未満）では、20 時間以上必要です。	88,000 円以上	◎ 健康保険は後期高齢者医療制度の対象 75 歳未満（誕生日前日まで） ◎ 厚生年金保険は 70 歳未満（誕生日前日まで） ◎ 介護保険は満 40 歳以上 65 歳未満（誕生日前日から加入）

常用労働者として工事に専任した場合は、雇用契約期間が 2 か月以上または 2 か月以上の見込みが必要で、週の所定労働時間が 3/4 以上（30 時間以上）、

第2章　建設業のバリューチェーン・マネジメント

月の就業日数が 3/4 以上（15 日以上）の場合、雇用、健康、年金保険に加入できます。非正規雇用の現場代理人が工事現場をかけ持ちした場合、月額の賃金、雇用保険の雇用契約期間はともかく、**健康保険、年金保険の加入条件、週の所定労働時間の 3/4 未満**でも **20 時間以上の条件**を満たしていないことがわかります。例外事項としても、**週の労働時間が常用労働者の 3/4 未満から 3/4 以上に変更した場合**でも、雇用契約開始日（初回契約 開始日）から通算して **2 か月を超えた時点**で、**雇用契約開始日から週の労働時間が 3/4 以上の必要**ですから条件を満たしていません。

2.3.4　環境管理

　建設業の環境管理は、基本的に廃棄物処理責任者が施工現場を指導します。**廃棄物の処理及び清掃に関する法律**（以下、**廃棄物処理法**）では、**元請人と下請人の役割**として、以下のことを定めています。

（1）元請人の役割

① 元請業者は作業所の**廃棄物処理責任者を定め、廃棄物処理体制を確立**します。次に「**廃棄物処理方法を明確にした施工計画書」を作成**し、**発注者に提出**します。廃棄物処理が明確でない場合は、発注者に申し出ます。

② 作業所の**処理方針を作成し、廃棄物取扱い規則を定め**、従業員をはじめ、すべての**関係者に周知徹底**します。現場からの発生する廃棄物の量を削減（**ディユース**）、再生資材の利用（**リユース**）に務めます。また分別収集を行い、再資源化（**リサイクル**）に務めます（「7.1「建設副産物」の再資源化」参照）。

③ **廃棄物の取扱い**は必ず**元請人が行い**ます。そのためには、下請人の廃棄物処理方法など、**すべての現場の廃棄物処理方法を把握**します。また、処理業者に処理を委託するときには、元請人が**許可業者と書面による委託契約**を行います。**処理内容に応じた処理費を支払い**ます。

④ **廃棄物処理計画書の作成し、処理業者の監督と処理状況の確認を行い、処理実績を発注者に報告し記録を保存**します。

2.3　建設業のバリューチェーン・マネジメントの支援活動

廃棄物処理計画書	
内　　容	① 発生量の抑制、② 現場内利用計画、③ 分別および保管、④ 再資源化など、⑤ 適正処理
記入事項	① 工事名、② 工事場所、③ 工事種別、建設廃棄物の種類、発生量・処理方法、⑤ 委託業者および処理場所、⑥ その他特記事項

⑤ **マニフェストの交付・保存**、**廃棄物処理実績**を集計し、**処理施設の実績報告、多量排出事業者の報告**など、廃棄物処理法に基づく法定報告を必要に応じて行います。**建設廃棄物処理実績報告書**は建設廃棄物が適切に処理されたかを証明するものです。現場から排出された**廃棄物の種類と量を確実に記録し保存**しなければなりません。**保存期間**は、**建設廃棄物処理委託契約書、マニフェストともに５年間**です。

産業廃棄物処理実績報告書	
記入事項（電子マニフェストを利用したときは不要です。）	① 報告者の住所、氏名、電話番号 ② 事業所の所在地、記入者、連絡先電話番号 ③ 産業廃棄物処理施設の種類と量 ④ 処理後の産業廃棄物の処分方法と処分量

（2）下請人の責任

① **廃棄物の発生抑制**に努めます（**ディユース**）。

② **廃棄物処理**は下請人だけの判断ではなく、元請業人と打ち合わし、**元請人の指示に従います**（廃棄物処理法第 21 条の３第１項）。

③ **処理業者**や**廃棄物運搬の許可を有さない下請人**は、**運搬**（廃棄物処理法第 21 条の３第３項）と**処分**（廃棄物処理法第 21 条の３第４項）には**条件**（「請負代金の額が 500 万円以下」「１回当たりに運搬される量は 1 ㎥以下」など）があります。

④ **処理業者の許可を有している場合**は、**元請と処理委託契約を締結**し、**マニフェストの交付**を受けた後、処理を行います。

第2章　建設業のバリューチェーン・マネジメント

(3) 社内管理体制

廃棄物処理法の社内管理体制は、次のとおりです。

社内の廃棄物処理の管理体制	
本社	廃棄物処理方針、廃棄物処理計画の作成
	① 処理組織の整備、② 基本方針の決定、③ 管理規定処マニュアルの作成、④ 教育・啓発、⑤ 指導内容の周知、⑥ 廃棄物発生量、⑦ 処理実績の把握
支店 （営業所）	廃棄物処理総括 ① 職員・下請人・資材納入者の教育・指導、② 処理業者・再生業者の管理

第**3**章

建設関連法令の遵守と
コンプライアンス

建設業のバリューチェーン・マネジメントの基本は、**建設関連法令の遵守**と**コンプライアンス**です。社内体制の充実などの支援活動により、施工現場の主活動において建設関連法令を遵守するよう指導します。バリューチェーン・マネジメントでは、**本社の技術支援（支援活動）**として、**取引先のコンプライアンス活動を確認**することも重要な事項です。**施工（主活動）**では、「**安全・衛生な作業環境**」「**下請人への強制労働・若年労働の禁止**」「**資材の不当な納入**」「**男女・障がい者・人種等に対する労働差別**」「**公務員に対する贈収賄**」などの項目を含むコンプライアンス方針を掲げ、現施工関係者に対して、**法令遵守状況の確認**と**コンプライアンス調査**を行っておく必要があります。

特に、新規の取引検討先に対しては、法令遵守状況の確認やコンプライアンス調査に加え、**経営者との面談**を行って、取引先の取り組み状況を**ヒアリング**しておくのもよいでしょう。

3.1 建設関連法令の遵守とコンプライアンスとは

バリューチェーン・マネジメントで、**企業の競争優位性をもたらす基本**は、市場ニーズに柔軟に対応できるよう、**企業内部のさまざまな活動を相互に結びつけること**です。結果として顧客にも価値がもたらされることになります。

コスト第一主義の戦略をとることは問題ありませんが、企業の差別化戦略の基本「**建設関連法令の遵守とコンプライアンス**」を、**主活動**においても**支援活動**においても忘れてはいけません。横浜市の杭打ちデータ偽装問題では、安易に利益を引き出すために法令を遵守せず、コンプライアンスを無視しました。杭打ち工事を下請人に丸投げし、利益を得ていました。これでは、元請人や一次下請人が施工体制をうまく連結させることはできません。主活動と支援活動、個々のマネジメントシステムを独立して構築していたからです。事業全体として関係する各企業の**主活動**と**支援活動**が**利益確保の戦略を達成できていないこ**

第3章　建設関連法令の遵守とコンプライアンス

とが、この**事件を誘発**しました。

　元請人（特定建設業者）の責務と関係法令の遵守について説明します。元請人（特定建設業者）となった場合には、法律を守り、適正な工事の施工に努めなければなりません。下請人に工事を丸投げするようでは、元請人（特定建設業者）の責務が十分に果たすことができません。**元請人は下請人に対し**、建設業法、建築基準法、労働基準法、労働安全衛生法、廃棄物処理法、刑法、道路交通法などの**法令に違反しないよう指導**しなければなりません。なお、**下請人に対する指導**とは、直接請け負った一次下請人だけでなく、二次下請人以下の孫請けも含め、**工事に携わったすべての下請業人が対象**になります。

　主活動と支援活動ともに法令に違反すると、各法律が定めている罰則や、建設業法による行政処分などを受け、経営を圧迫することになります。また、違反した企業が社会的信用を失うだけでなく、建設産業全体のイメージを大きく傷つけることになります。

　元請人（特定建設業者）の責務とは、具体的には次の事項を言います。**関係法令を守ることは、建設業者として最低限のルールです。**

　① 施工現場でのコンプライアンス（法令遵守）指導の実施

　② 下請業者の法令違反については是正指導

　③ 下請業者が是正しないときの許可行政庁への通知

　なお、建設業法では「下請人を使って施工する場合にその**建築工事の下請代金の額が 4,000 万円（建築一式工事は 6,000 万円）以上になる場合、特定建設業の許可**を受けていなければならない」と規定されています。下請人を使わずに施工する場合はどんなに多額の工事でも一般建設業の許可で施工できますが、実際多くの官公庁では、一定の規模以上の工事を発注する場合は特定建設業許可業者でないといけないとする基準を設けています。

58

3.2 建設業法等の遵守とコンプライアンスは「施工体制の整備」が重要

　建設業法等の遵守とコンプライアンスは、「コンプライアンス」を単に法令遵守のレベルに留めておいてはいけません。建設事業者は、社会規範にもとることのなく、施工現場のルールを遵守し、誠実かつ公正な企業活動を遂行しましょう。**下請人に無理を押しつけるのではなく、確実に管理できる機能的な「施工体制の整備」**を徹底します。

3.2.1　施工体制の整備

　施工体制の整備は、**下請人の保護を基本**とします。**下請人に指導しなければならない法令の規定**は、**建設業法**では**下請人の保護に関する規定、技術者の設置に関する規定**などすべての規定が対象とされています。具体的には次表を見てください。なお、「一括下請負の禁止（22条）」については、後述する「4.6 一括下請負の防止」でその対策方法を説明します。

守らなければならない、指導しなければならない法令の規定		
法律名	内容と条項	
建設業法	下請負人の保護に関する規定、技術者の設置に関する規定など建設業法のすべての規定が対象だが、特に次の項目に留意すること。	
	(1) 建設業の許可（3条）	建設工事の完成を請け負うことを営業するには、その工事が公共工事であるか民間工事であるかを問わず、建設業法第3条に基づき建設業の許可を受けなければならない。ただし、**「軽微な建設工事」**のみを請け負って営業する場合には、必ずしも建設業の許可を受けなくてもよいとされている。 ＊「軽微な建設工事」とは、次の建設工事をいう。 ①建築一式工事については、工事1件の請負代金の額が1,500万円未満の工事または延べ面積が150㎡未満の木造住宅工事（主要構造部が木造であるもの、住宅、共同住宅及び店舗等との併用住宅で、延べ面積が2分の1以上を居住の用に供するもの） ②　建築一式工事以外の建設工事については、**工事1件の請負代金の額が500万円未満の工事**

3

建設関連法令の遵守とコンプライアンス

59

第3章　建設関連法令の遵守とコンプライアンス

（2）建設工事の請負契約の原則（18条）＊	建設工事の請負契約の当事者は、各々の対等な立場における合意に基づいて公正な契約を締結し、信義に従って誠実にこれを履行しなければならない。
（3）建設工事の請負契約の内容（19条）＊	建設工事の請負契約の当事者は、契約の締結に際して、工事内容、請負代金の額、工事の着手および完成時期等の必要事項を書面に記載し、署名または記名押印をして相互に交付しなければならない。
（4）現場代理人の選任等に関する通知（19条の2）＊	請負人は、現場代理人の選任等を書面により注文者に通知しなければならない。
（5）不当な請負代金の禁止（19条の3）＊	注文者は、自己の取引上の地位を不当に利用して、その注文した建設工事を施工するために通常必要と認められる原価に満たない金額を請負代金の額とする請負契約を締結してはならない。
（6）不当な使用資材等の購入強制の禁止（19条の4）＊	注文者は、請負契約締結後、自己の取引上の地位を不当に利用して、その注文した建設工事に使用する資材もしくは機械器具またはこれらの購入先を指定し、これらを請負人に購入させて、その利益を害してはいけない。
（7）建設工事の見積期間等（20条）＊	建設業者は、建設工事の請負契約を締結するに際して、工事種別ごとに材料費、労務費その他の経費の内訳を明らかにして建設工事の見積を行うよう努めなければならない。見積もり期間は、工事の予定金額に応じて定められている。500万円未満の工事であっても1日以上は必要。また、請求があったときは、注文者に見積書を提示しなければならない。
（8）契約の保証（21条）＊	建設工事の請負契約で前金払をする定めがなされた場合において、注文者から請求があったときは、建設業者は保証人を立てなければならない。
（9）一括下請負の禁止（22条）＊	建設業者は、あらかじめ発注者の書面による承諾を得た場合を除き、その**請け負った建設工事を一括して他人に請け負わせてはならない。**
（10）下請負人の意見徴収（24条の2）＊	元請負人は、あらかじめ下請負人の意見を聞き、工程の細目、作業方法等を定めなければならない。
（11）下請代金の支払（24条の3）＊	元請負人は、下請負人が施工した出来形部分に相当する**下請代金**又は**工事完成後における支払代金**を、当該**支払を受けた日から1カ月以内**で、かつ、**できる限り短い期間内**において支払わなければならない等。

3.2 建設業法等の遵守とコンプライアンスは「施工体制の整備」が重要

	(12) 検査及び確認（24条の4）＊	元請負人は、下請負人の工事が**完成した旨の通知を受けたときは、20日以内で、かつ、できる限り短い期間内に完成検査を完了**しなければならない。また、確認した後、**直ちに引渡し**を受けなければならない。
	(13) 特定建設業者の下請代金の支払期日等（24条の5）＊	特定建設業者は、**下請代金の支払期日**は申し出の日から**起算して50日を経過する日以前**において、かつ、**できる限り短い期間内**において支払わなければならない。また、下請代金の支払について、金融機関による割引を受けることが困難な手形を交付してはならない。
	(14) 下請負人に対する特定建設業者の指導等（24条の6）＊	特定建設業者は、下請業者に対し、特定（左欄参照）の規定に対し、違反しないよう指導に努めるものとする。
	(15) 施工体制台帳・体系図の整備（24条の7）●	特定建設業者は、発注者から直接工事請負4,000万円（建築一式工事は6,000万円）以上を下請契約して工事を施工する場合、下請負人の商号または名称、下請負人の工事内容、工期等を記載した施工体制台帳を作成し、工事現場ごとに備え置くとともに、工事現場の見やすい場所に下請負人の施工の分担関係を表示した施工体系図を掲げなければならない。
	(16) 主任技術者の設置など（26条、26条の2）●	①建設業者は、請け負った建設工事を施工するために主任技術者を置かなければならない。 ②**特定建設業者は、発注者から直接工事請負4,000万円（建築一式工事は6,000万円）以上を下請施工させる場合、監理技術者**を置かなくてはならない。 ③監理技術者、主任技術者は、特定の工事において、**工事現場ごとに専任の者**を置かなければならない。
	(17) 専任の監理・主任技術者を必要とする工事（建設業法施行令27条）●	専任の監理・主任技術者を必要とする工事は、特定の工事において工事1件の請負代金が3,500万円以上（建築一式工事の場合は7,000万円以上）のものとする。
	(18) 建設業許可等標識の掲示（40条）●	建設業者は、建設工事現場ごとに、建設業の名称等省令で定める事項を記載した標識を掲げなければならない。
	(19) 契約・支払に関する帳簿の整（40条の3）	建設業者は、営業所ごとに営業に関する事項（注文者および下請負人と締結した工事請負契約に関する事項等）を記載した帳簿を備え、保存しなければならない。

第3章　建設関連法令の遵守とコンプライアンス

下請代金支払遅延等防止法	下請代金の支払期日（2条の2）＊	**下請代金の支払期日**は、親事業者が下請事業者の給付の内容について検査をするかどうかを問わず、**親事業者が下請事業者の給付を受領した日から**起算して、**60日の期間内**において、かつ、**できる限り短い期間内**において、定められなければならない。
建築基準法	(1) 違反建築の施工停止命令など（9条1項・10項）＊	特定建設業者は、下請業者に対し、特定（左欄参照）の規定に対し、違反しないよう指導に努めるものとする。
	(2) 工事施工に伴う危害の防止措置（10条）＊	
	(3) 建築確認の表示（89条）●	特定の建築物の工事において、施工者は建築主、設計者、工事施工者及び工事の現場管理者の氏名または名称等を表示しなければならない。
消防法	(1) 仮設事務所等使用開始届（防火管理者）（8条）●	防火対象物等の管理者は、防火管理者を定め消防計画の作成等を行わせなければならない。
	(2) 危険物貯蔵所の設置届（11条）	製造所、貯蔵所等を設置しようとする者は特定の行政機関の長の許可を受けなければならない。
労働基準法	(1) 強制労働などの禁止（5条）＊	特定建設業者は、下請業者に対し、特定（左欄参照）の規定に対し、違反しないよう指導に努めるものとする。
	(2) 中間搾取の排除（6条）＊	
	(3) 賃金の支払方法（24条）＊	
	(4) 時間外・休日労働の協定届（36条）●	使用者は、所定労働時間、時間外、休日の労働等について、労働者の代表と書面による協定を行政官庁に届け出た場合、この協定に従い労働時間を延長することなどができる。
	(5) 労働者の最低年齢（56条）●＊	特定建設業者は、下請業者に対し、特定（左欄参照）の規定に対し、違反しないよう指導に努めるものとする。
	(6) 年少者、女性の坑内労働の禁止（63条、64条の2）●＊	
	(7) 就業規則届（89条）●	常時10名以上の労働者を使用する使用者は、就業規則を作成し、行政官庁に届けなければならない。
	(8) 寄宿舎規則届（95条）●	寄宿舎に労働者を寄宿させる使用者は、寄宿舎規則を作成し行政官庁に届けなければならない。
	(9) 寄宿舎設置・移転・変更届、安全衛生確保（96条の2、3）●＊	常時10名以上の労働者を使用する使用者が特定の寄宿舎の設置等を行う場合、その計画等を工事着手14日前までに行政官庁に届けなければならない。

3.2　建設業法等の遵守とコンプライアンスは「施工体制の整備」が重要

	(10) 安全衛生措置命令（96条の2第2項、96条の3第1項）●＊	特定建設業者は、下請業者に対し、特定（左欄参照）の規定に対し、違反しないよう指導に努めるものとする。
	(11) 労働者名簿の作成（107条）●	使用者は、事業場ごとに労働者の氏名、生年月日、履歴等を記載した労働者名簿を調製しなければならない。
元請人の下請負人に対する退職金共済契約に関する事務処理	中小企業退職金共済法（47条）●	元請負人が下請負人の委託を受け、下請負人が行うべき退職金共済契約に関する事務処理をする場合、厚生労働省令に基づく。
建設労働者の雇用の改善等に関する法律	(1) 雇用管理責任者の選任（5条）●	事業主は、工事現場ごとに、①建設労働者の募集・雇入及び配置、②建設労働者の技能の向上、③建設労働者の職業生活上の環境の整備を管理させるため、雇用管理責任者を選任しなければならない。
	(2) 雇用関係書類の備え付け（8条）●	建設労働者が **50人以上の工事現場**の場合、元方事業主は、**下請負人ごとに**、その**氏名、名称、雇用する建設労働者の従業期間、雇用管理責任者の氏名等**を記載した**書類を備えて**おかなければならない。
労働保険の保険料の徴収等に関する法律	(1) 労災保険関係成立届（4条の2、8条）●	元請業者（請負事業の一括）は、**労災保険が成立した日から10日以内**に、成立日、事業主の氏名、事業の種類等を政府に届けなければならない。
	(2) 労災保険関係成立票の掲示（規則74条）●	元請業者は、労災保険が成立したら工事現場に労災保険関係成立票を掲示しなければならない。
職業安定法	(1) 労働者供給事業の禁止（44条）＊	特定建設業者は、下請業者に対し、特定（左欄参照）の規定に対し、違反しないよう指導に努めるものとする。
	(2) 暴行などによる職業紹介の禁止（63条1項）＊	
	(3) 虚偽等による職業紹介・募集・供給の禁止（65条8号）＊	
労働者派遣法	建設労働者の派遣の禁止（4条1項）＊	

●：元請人が実施しなければならない主な法令
＊：元請人の下請人に対する指導等に関係する主な法令

3

建設関連法令の遵守とコンプライアンス

63

第3章　建設関連法令の遵守とコンプライアンス

　なお、前述したように、建設業者が下請人を使って施工する場合、下請金額によっては、特定建設業の許可が必要です。**特定建設業者**が施工する**現場には監理技術者の配置**が必要です。この監理技術者は、特定の工事において、**現場ごとに専任の者**を置かなければなりません。

3.2.2　帳簿の記載事項と添付書類

　請負契約の内容を整理した**帳簿**を**営業所ごとに備える**必要があります。**建設業法施行規則第26条**に定める帳簿の**記載内容**は、「**営業所の代表者の氏名及びその就任日**」「**注文者と締結した建設工事の請負契約に関する事項**」「**下請負人と締結した建設工事の下請契約に関する事項**」です。また、帳簿には添付しておかなければならない書類があります。なお、帳簿には**5年間の保存義務**があります。

帳簿の記載事項と添付書類	
記載事項	内　　容
営業所の代表者の氏名及びその就任日	同左
注文者と締結した建設工事の請負契約に関する事項	◎ 請け負った建設工事の名称、工事現場の所在地 ◎ 注文者との契約日 ◎ 注文者の商号、住所、許可番号 ◎「注文者から受けた完成検査」の年月日 ◎「工事目的物を注文者に引き渡した」年月日
下請負人と締結した建設工事の下請契約に関する事項	◎ 下請負人に請け負わせた建設工事の名称、工事現場の所在地 ◎ 下請負人との契約日 ◎ 下請負人の商号、住所、許可番号 ◎ 下請工事の完成を確認するために「自社が行った検査」の年月日 ◎ 下請工事の目的物について「下請業者から引き渡しを受けた」年月日
帳簿に添付しておかなければならない書類	◎ 契約書またはその写し（電磁的記録可） ◎ 特定建設業の許可を受けている者が注文者（元請工事に限らない）となって一般建設業者（資本金が4,000万円以上の法人企業を除く）に建設工事を下請負した場合には、支払った下請代金の額、支払った年月日、支払手段を証明する書類（領収書など）またはその写しなど

3.3 労働安全衛生法等の遵守とコンプライアンスは「安全衛生管理の徹底と雇用労働条件の厳守」が重要

　建設現場におけるバリューチェーン・マネジメントでは、**安全衛生管理を徹底**し、**雇用労働条件を厳守**することが**元請人の現場代理人の義務**です。これは現場代理人自らが管理する施工現場の管理・経営に最低限求められる**基本的な事項**です。現場代理人に指名されたら、コンプライアンスの確立・徹底に向けた取り組みに着手します。

3.3.1　安全衛生管理の徹底

　建設業務を下請に出した場合、**元請業者**は、現場の統括的な安全衛生管理責任を担い、**統括的な安全衛生管理業務**を行わなければなりません。元請業者の**統括安全衛生管理義務者**以外に、**下請人等**も請け負った工事の安全衛生管理業務を担う**安全衛生責任者を選任**しなければなりません。

　なお、**特定元方事業者**（建設業務の一部を下請に出す事業者）は、下請負人が施工する次に示す土砂崩壊や機械の転倒などのおそれのある場所などにおいて、危険防止措置が適正に講ぜられるように、**技術上の指導等を行わなければならならない**と定められています。

- ◎ **土砂等が崩壊**するおそれのある場所（下請人に危険が及ぶおそれのある場所）
- ◎ **土石流が発生**するおそれのある場所（河川内にある場所で、下請人に危険が及ぶおそれのある場所）
- ◎ **車両系建設機械**（整地・運搬・積込み用機械、掘削用機械、基礎工事用機械、締固め用機械、コンクリート打設用機械、解体用機械、または移動式クレーン）**が転倒**するおそれのある場所
- ◎ 架空電線の充電電路に近接し、充電電路に労働者の身体等が接触し、または接近することにより**感電の危険**が生ずるおそれのある場所（工作物の建設、解体、点検、修理、塗装等の作業、これらに附帯する作業、くい打機、くい抜機、移動式クレーン等を使用する作業が行われる場所）
- ◎ 埋設物等またはれんが壁、コンクリートブロック塀、擁壁などの**建設物が損壊**するなどのおそれのある場所（埋設物等または建設物に近接する場所において、明かり掘削の作業を行われる場所）

第3章　建設関連法令の遵守とコンプライアンス

守らなければならない、指導しなければならない法令の規定		
法律名		内容と条項
労働安全衛生法	（1）統括安全衛生責任者の専任（15条）●	**元請、下請合わせて常時50人以上の労働者**が混在する工事現場（特定粉じん排出等作業を伴う、**特定工事は30人以上**）の場合、特定元方事業者等は、**統括安全衛生責任者を選任**し、その者に**元方安全衛生管理者の指揮**をさせるとともに、第30条第1項各号の事項（後述）を**統括管理**させなければならない。この統括安全衛生責任者は、事業の実施を統括管理する者をもつて充てなければならない。
	（2）元方安全衛生管理者の専任（15条の2）●	統括安全衛生責任者を選任した事業者は、**元方安全衛生管理者を選任**し、第30条第1項各号の事項のうち**技術的事項**を管理させなければならない。
	（3）店社安全衛生管理者の選任（15条の3）●	**統括安全衛生責任者の選任を要しない工事**において、**統括安全衛生管理義務者**（分離発注の場合、元方事業者の1業者）は、**店社安全衛生管理者を選任**し、その者に、第30条第1項各号の事項を担当する者に対する指導等を行わせなければならない。
	（4）安全衛生責任者の選任（16条）●	**統括安全衛生責任者を選任すべき事業者以外の請負人（下請人）**は、**安全衛生責任者を選任**し、その者に**統括安全衛生責任者との連絡等**を行わせなければならない。
	（5）安全衛生委員会等の設置（17、18、19条）●	**50人以上の労働者を使用する工事現場**には、**安全委員会**（17条）、および**衛生委員会**（18条）を設けなければならないが、それぞれの委員会に代えて、**安全衛生委員会を設置する**ことができる（19条）。
	（6）元方事業者の講ずべき措置（29条、29条の2）●	**元方事業者**は、下請負人および下請負人の労働者が、この法律またはこれに基づく**命令の規定に違反しないよう必要な指導**を行うとともに、違反した場合、**是正のため必要な指示**を行わなければならない。 元方事業者は、**土砂崩壊**や**機械の転倒等のおそれのある場所**等において下請負人が施工する場合、**危険防止措置**が適正に講ぜられるように、技術上の指導等を行わなければならない。
	（7）特定元方事業者の講ずべき措置（30条）●	**特定元方事業者**は、その労働者及び関係請負人の労働者の作業が同一の場所において行われることによって生ずる労働災害を防止するため、**必要な措置を講じなければならない**。①協議組織の設置・運営（労働災害防止協議会等）、②作業間の連絡・調整、③安全パトロール、④関係請負人に対する

66

3.3 労働安全衛生法等の遵守とコンプライアンスは「安全衛生管理の徹底と雇用労働条件の厳守」が重要

		安全衛生教育の指導・援助、⑤工程計画、⑥機械・設備等の配置計画の作成
	(8) 統括安全衛生管理義務者（30条の2）●	建設工事の発注者は、2以上に分離発注する場合、特定元方事業者の中から、同法第1項各号の事項に関する必要な措置（統括安全衛生管理業務）を講ずべき者（統括安全衛生管理義務者）として一人を指名しなければならない。
	(9) 注文者の講ずべき措置（31条、31条の2）●	自ら仕事を行う**注文者**（元請業者等自ら施工するとともに、施工の一部を他人に請け負わせる者＝下請人等）は、建設物、設備または原材料を、その下請負人の労働者に使用させるときは、**労働災害を防止するため必要な措置**を講じなければならない。
	(10) 違法な指示の禁止（31条の3）●	注文者は、本法律またはこれに基づく**命令の規定に違反することとなる指示をしてはならない。**
	(11) 定期健康診断結果の報告（規則52条）●	常時50人以上の労働者を使用する事業者は、特定の定期健康診断を行った場合、定期健康診断結果報告書を所轄労働基準監督署長に提出しなければならない。
	(12) 建設物・機械等の計画の届出（88条）●	事業者は、①建設物・機械等の設置、移転または主要構造物の変更を行う特定の工事現場、②機械等で危険な作業等を必要とするもの等の設置・移転・変更を行う特定の工事現場は、工事開始30日前までに、労働基準監督署長に届けなければならない。 ③重大な労働災害を生ずるおそれのある、特に大規模な工事を行う場合、その計画を工事開始30日前までに、厚生労働大臣に届けなければならない。
	(13) 事故発生時の報告（規則96条）●	事業者は、特定の事故が発生した場合、事故報告書を労働基準監督署長に提出しなければならない。
	(14) 労働者死傷病報告（規則97条）●	事業者は、労働者が労働災害等により死亡または休業した場合、労働者死傷病報告を労働基準監督署に提出しなければならない。
	(15) 危険・健康障害の防止（98条1項）●＊	特定建設業者は、下請業者に対し、特定（左欄参照）の規定に対し、違反しないよう指導に努めるものとする。
じん肺法	健康診断結果の証明（12条）●	粉じん作業を行う場合、事業者は、じん肺健康診断を受けさせ、その結果を都道府県労働基準局長に提出しなければならない。
建築基準法	危害防止の技術基準など（90条）●	建築工事において、工事の施工者は、工事の施工に伴う地盤の崩落、建築物等の倒壊等による危害

第3章　建設関連法令の遵守とコンプライアンス

		を防止するために必要な措置を講じなければならない。
宅地造成等規制法	宅地造成に伴う災害の防止措置（9条・13条）●＊	特定建設業者は、下請業者に対し、特定（左欄参照）の規定に対し、違反しないよう指導に努めるものとする。
建設工事の公衆災害防止対策要綱	（土木工事編及び建築工事編 各第3章等）公衆災害の防止	施工者等は、建築（土木）工事の計画、設計および施工にあたって、公衆災害の防止のため、必要な調査を実施し、関係諸法令を遵守して、安全性等を十分検討した有効な工法を検討しなければならない。

●：元請人が実施しなければならない主な法令
＊：元請人の下請人に対する指導等に関係する主な法令

3.3.2　雇用労働条件の厳守

　建設業者は、建設労働者の雇用労働条件の改善のため、**安定した雇用関係の確立**や**建設労働者の収入の安定**などを目指さなければなりません。事業主は、少なくとも次の「**雇用条件**」「**労働条件**」を実現するように努め、「**福祉管理**」「**安全衛生管理**」を行わなければなりません。

雇用労働条件など	
雇用条件	建設労働者の募集は適正に行い、建設労働者の雇い入れにあたっては、以下の示す適正な労働条件を明示し、雇用に関する文書を交付します。 ◎ 一つの事業場に常時10人以上の労働者を使用する場合では、事業主は必ず**就業規則を作成**し、その就業規則を**労働基準監督署に届け出ます**。 ◎ **賃金は毎月1回以上**、一定日に通貨で全額を建設労働者に支払います。 ◎ **建設労働者名簿と賃金台帳を作成**し、事業所に備え置きます。 ◎ 事業主は**労働時間の短縮**や**休日の確保**などを十分に配慮した労働時間の管理を行います。 ◎ 不法に外国人を就労させてはいけません。
労働条件	◎ 建設業も他業種と同じく、**週40時間労働制**が適用されています。無理な残業を避け、変形労働時間制を活用するなど、**労働時間の短縮**に努めてください。 ◎ 労働基準法上の年次有給休暇の継続勤務要件が1年から6か月に短縮されました。事業主は、労働者に対し、**年次有給休暇の取得**の指導に努めてください。 ◎ 雇用期間が6か月未満の季節労働者については、「就労月数が3か月以上4か月未満の者には3日程度」「就労月数が4か月以上6か月未満の者には6日程度」の有給休暇を付与するよう努めてください。 ◎ 施工現場の建設労働者のための**宿舎**は、労働基準法の規定を守り、良好な環境の福利厚生施設に努めます。 ◎ 施工現場の建設労働者のために、**現場福利施設**（食堂、休息室、更衣室、洗面所、浴室、シャワー室など）を整備します。

3.3 労働安全衛生法等の遵守とコンプライアンスは「安全衛生管理の徹底と雇用労働条件の厳守」が重要

福祉管理	◎ 建設労働者を**雇用保険、健康保険、厚生年金保険に加入**させます。事業主は、健康保険、または厚生年金保険の適用を受けない建設労働者についても**国民健康保険、または国民年金に加入**するよう指導します。事業主は任意の労災補償制度に加入するよう努めます。（「2.3.3　人材資源管理」参照） ◎ **社会保険に加入していないと行政から指導を受けます。**適切な**保険への加入が確認できない場合、下請に選定せず、現場入場を認めるべきでない**とされています。（「2.3.3　人材資源管理」参照） ◎ 事業主は**建設業退職金共済制度*に加入**するなど、**退職金制度を確立**します。また、**厚生年金基金の加入**にも努めます。 ◎ 事業主は常時使用する労働者に対して、「雇入れ時」と「定期」に**健康診断**を必ず行います。
安全衛生管理	◎ 事業主は新たに雇用した者、作業内容を変更した者、危険または有害な作業につく者、新たに監督職務（職長など）につく者に対する**安全衛生教育**を行います。 ◎ 事業主は労働者の能力向上のため、**技術・技能の研修、教育訓練**を行います。 ◎ 事業主は**雇用管理責任者を任命**し、その者の知識の習得と向上を図ります。 ◎ 下請人が施工する現場で災害が発生したときは、元請人は、直接の請負契約を行った一次下請人および二次以下の下請人に対し報告します。

* **建設業退職金共済制度**は、**建設現場で働く人たちの退職金制度**です。現場で作業する人たちが、全国どこの現場で、いつ働いても、日数分の掛金が全部通算され、建設業の仕事をしなくなったとき退職金が支払われる仕組みとなっています。　建設業の事業主が共済組合と退職金共済契約を結んで、建設現場で働く作業員を被共済者として共済手帳を交付し、働いた日数は全部通算できるようになっています。

* 建設業退職金共済制度の掛金は、税法上損金または必要経費として扱われます。建設業退職金共済事業支部に用意してある申込書に必要事項を書き込み、提出するだけで会費や手数料は一切不要です。

3

建設関連法令の遵守とコンプライアンス

第3章 建設関連法令の遵守とコンプライアンス

3.4 廃棄物処理法等の遵守とコンプライアンスは 「廃棄物処理」が重要

　建設業における**環境対策**は、**施工と一体となって環境保全活動を展開**することです。あらかじめ設計時から**仕様書やガイドライン**で、使用する**低騒音・低振動型建設機械や建設資材**が決められており、**施工者の都合で決めることはできません**。受注者が監督職員と協議せずに、建設現場の作業規模に応じて建設機械の種類や施工方法・作業方法を見直し運搬距離を短縮したり、再生可能な資材や有害な化学物質の含有量が少ない資材などに種類や規格を見直し、量の抑制することでエネルギーの消費を抑えたりすることは**違法行為**です。

　市町村長は、**騒音・振動の規制基準をオーバーしている**（後述）と認められるときは、**改善を勧告する**ことができます。にもかかわらず、**勧告を受けた建設事業者**が、勧告に従わず作業を継続している場合は、**市町村長は改善や作業時間の変更を命じる**ことができます（**工事を中止させる権限は含まれていません**）。

　環境に配慮した施工現場を実現するため、下請人、資材メーカーなど協力企業が一体となって、具体的に施工管理し、近隣へのサービスを提供します。**環境対策とは最適な問題解決方法（廃棄物処理）を提案する**ことにあり、これが建設業のバリューチェーン・マネジメントです。

　建設事業における**環境管理**は、**廃棄物処理が重要な課題**です。廃棄物処理法により、事業者は事業活動に伴って生じた廃棄物を自らの責任において適正に処理しなければなりません。建設事業では、**建設工事の副産物である建設発生土と建設廃棄物の処理**において、「**建設副産物適正処理推進要綱**」に従わなければなりません。元請業者の責務と役割をより具体的に実施するために必要な基準を以下に示します。

◎ **元請人**は、建設物等の設計およびこれに用いる建設資材の選択、建設工事の施工方法等の工夫、施工技術の開発等により、**建設副産物の発生を抑制**するよう努めるとともに、**分別解体など建設廃棄物の再資源化や適正な処理の実施**を容易にしなければなりません。また、元請人は、適正処理の実施に要する**費用を低減する**よう努めなければなりません。

◎ **元請人**は、分別解体などを適正に実施するとともに、排出事業者として**建設廃棄物の再資源化や処理を適正に実施**するよう努めなければなりません。

70

◎ **元請人**は、建設副産物の発生の抑制、ならびに分別解体など建設廃棄物の再資源化や適正な処理の促進に関し、中心的な役割を担っていることを認識し、**発注者との連絡調整、管理および施工体制の整備**を行わなければなりません。また、工事現場における責任者を明確にし、**下請人や産業廃棄物処理業者**に対し、**指示や指導**を責任を持って行わなければなりません。元請人は**分別解体などについての計画**、**再生資源利用計画**、**再生資源利用促進計画**、**廃棄物処理計画などの内容**について**教育**し、**周知徹底**に努めなければならないとされています。

◎ **元請人**は、現場代理人に対する指導ならびに職員、下請負人、資材納入業者および産業廃棄物処理業者に対する**建設副産物対策に関する意識の啓発**などのため、**社内管理体制の整備**に努めなければなりません。

守らなければならない、指導しなければならない法令の規定		
法律名	内容と条項	
廃棄物の処理及び清掃に関する法律	産業廃棄物の適正処理（3条等）	事業者は、その事業活動に伴って生じた**廃棄物を自らの責任において適正に処理**しなければならない。
建設工事に係る資材の再資源化等に関する法律	（1）分別解体等実施義務（9条）●	**特定建設資材**[※1]を用いた建築物の解体工事等で一定の規模以上のもの（対象建設工事）において、受注者等は、正当な理由がある場合を除き、**分別解体等**をしなければならない。
	（2）対象建設工事の届出に係る事項の説明等（12条）●	対象建設工事の発注者から工事を請け負おうとする建設業者等は、発注者に対し建築物の構造、分別解体等の計画等、特定の事項を記載した書面を交付して説明しなければならない。
	（3）再資源化等実施義務（16条）●	対象建設工事受注者は、分別解体等に伴って生じた**特定建設資材廃棄物**について、特定の場合を除き、**再資源化**をしなければならない。
	（4）発注者への報告等（18条）●	対象建設工事の元請業者は、特定建設資材廃棄物の**再資源化等が完了**したときは、**発注者に書面で報告**するとともに**実施状況記録を作成・保存**しなければならない。
資源の有効な	副産物等の抑制、再生資源の利用促進等（4条）	建設工事等を行う者は、原材料等の使用の合理化を図るとともに、再生資源および再生部品を利用する

第3章　建設関連法令の遵守とコンプライアンス

利用の促進に関する法律		よう努めなければならない。
建設業の再生資源の利用に関する省令	建設工事業者の**再生資源の利用を促進**するため、「**建設発生土**」「**コンクリート塊**」「**アスファルト・コンクリート塊**」について、**工事現場での利用に関する判断基準**を定めたもの。	
	再生資源利用計画の作成等（8条）●	発注者から直接建設工事を請け負った建設工事業者は、特定の建設資材を搬入する建設工事を施工する場合、あらかじめ再生資源利用計画を作成するものとする。
建設業の指定副産物に係る再生資源の利用に関する省令	建設工事業者の**指定副産物の利用を促進**するため、「**建設発生土**」「**コンクリート塊**」「**アスファルト・コンクリート塊**」「**建設発生木材**」について、**工事現場での利用に関する判断基準**を定めたもの。	
	再生資源利用促進計画の作成等（7条）●	発注者から直接建設工事を請け負った建設工事業者は、**指定副産物（建設発生土、コンクリート塊、アスファルト・コンクリート塊、建設発生木材）**を搬出する建設工事を施工する場合、あらかじめ**再生資源利用計画を作成**するものとする。
建設副産物適正処理推進要綱	（1）元請業者らの責務と役割（6条）●	元請業者らの実施事項と役割とは、① 建築物等の設計、建設資材の選択、施工方法の工夫、施工技術の開発などによる建設副産物の発生抑制や分別解体など、建設廃棄物の再資源化や適正処理による費用低減、② 分別解体、建設廃棄物の再資源化や処理の適正な実施、③ 発注者との連絡調整、管理、施工体制の整備、現場責任者の明確化、下請負人、産業廃棄物処理業者に対する指示、指導、教育、周知徹底、④ 社内管理体制の整備。
	（2）事前調査の実施（10条）●	**元請業者ら**は、① 工事に係る建築物などとその周辺状況、② 分別解体等に必要な作業場所、③ 搬出経路、④ 残存物品の有無、⑤ 吹き付け石綿など特定建設資材に付着したものの有無などに関する**事前調査を行わなければならない**。
	（3）分別解体等の計画の作成（11条）●	**元請業者ら**は、事前調査に基づき、建設副産物の発生抑制、建設廃棄物の再資源化などの促進・適正処理が計画的かつ効率的に行われるよう、**適切な分別解体などの計画の作成などに努めなければならない**。また、元請業者等は、**発注者に対し**、解体建築物の構造、使用する特定建設資材の種類、工期、分別解体などの計画等について、**書面を交付し説明**しなければならない。
	（4）建設廃棄物抑制等のための施工計画の作	元請業者は、建設廃棄物の発生の抑制、再利用の促進および適正処理が計画的かつ効率的に行われるよう

3.4 廃棄物処理法等の遵守とコンプライアンスは「廃棄物処理」が重要

	成（13条）●	適切な施工計画の作成などを行わなければならない。
	(5) 工事完了報告（15条）●	**元請業者**は特定建設資材廃棄物の再資源化が完了したときは、完了日、再資源化した施設名称、再資源化などに要した費用などを**発注者に書面で報告**し、**再資源化の実施状況の記録を作成・保存**しなければならない。
	(6) 建設発生土の搬出の抑制及び工事間の利用の促進（16条）●	**元請業者ら**は、**建設発生土の抑制**とともに、**建設発生土の利用が促進されるような措置**（ほかの工事現場との連絡調整、ストックヤードの確保など）の実施に努めなければならない。
	(7) 建設発生土の工事現場等における分別及び保管（17条）●	**元請業者ら**は、建設発生土の搬出にあたっては**建設廃棄物が混入しない分別**に努め、ストックヤードに保管する場合は、建設廃棄物の混入防止の必要な措置の実施に努めなければならない
	(8) 建設発生土の運搬（18条）●	**元請業者ら**は、建設発生土の運搬に関し、**運搬経路の適切な設定、車両・積載量などの適切な管理**により**騒音、振動、塵埃などの防止**に努めるとともに、安全な運搬に必要な措置を講じなければならない。
	(9) 建設廃棄物に関する分別解体等の実施（20条）●	**元請業者ら**は、**解体工事、新築工事**において、**再生資源利用促進計画、廃棄物処理計画に基づき適切な措置**を講じ、工事現場において分別を行わなければならない。
	(10) 建設廃棄物の排出抑制（21条）●	**元請業者ら**は、資材納入業者の協力を得て建設廃棄物の発生の抑制を行うなど、**工事現場から建設廃棄物の排出抑制**に努めなければならない。
	(11) 建設廃棄物の処理の委託（22条）●	**元請業者**は、建設廃棄物の処理について、処理を委託する場合を含め、**自らの責任において適正に行わ**なければならない。
	(12) 建設廃棄物の運搬（23条）●	元請業者は、廃棄物処理法に規定する処理基準を遵守し、建設廃棄物を運搬しなければならない。
	(13) 建設廃棄物の再資源化等の実施（24条）●	元請業者は、工事現場から排出される建設廃棄物の再資源化、減量化に努めなければならない。
	(14) 建設廃棄物の最終処分（25条）●	元請業者は、建設廃棄物を最終処分する場合、その種類に応じて、廃棄物処理法を遵守し、適正に埋立処分しなければならない。
騒音規制法	特定建設（騒音）作業の届出（14条）	指定地域内において、特定建設作業を伴う建設工事の施工者は、一部の場合を除き、**特定建設作業**[2]の**開始日の7日前までに市町村長に実施の届出**をしなければならない。 **特定建設作業**とは、建設工事として行われる作業の

3

建設関連法令の遵守とコンプライアンス

73

第3章　建設関連法令の遵守とコンプライアンス

		うち、特に大きい騒音を発生する作業として政令で定めるもので、**2日以上に渡って実施される作業の**こと。また、**移動しながら行われる作業では、1日の作業の2点間の距離が最大50mを超えない作業に限る**。作業開始した日に終わる作業は除かれる。
振動規制法	特定建設（振動）作業の届出（14条）	指定地域内において、特定建設作業を伴う建設工事の施工者は、一部の場合を除き、**特定建設作業**[*3] **の開始日の7日前までに市町村長に実施の届出**をしなければならない。 **振動の特定建設作業**も、**2日以上に渡って実施される作業**で、**移動しながら行われる作業では、1日の作業の2点間の距離が最大50mを超えない作業に限る**。作業開始した日に終わる作業は除かれる。
道路法	道路占有許可申請（32条）	道路に特定の施設を設け、継続して道路を使用しようとする場合、道路管理者の許可を受けなければならない。
道路交通法	道路使用許可申請（77条、78条）	道路において、工事もしくは作業をしようとする者、または工事・作業の請負人は、特定事項を記載した申請書を警察署長に提出し許可を受けなければならない。

●：元請人が実施しなければならない主な法令
＊：元請人の下請人に対する指導等に関係する主な法令

＊1　特定建設資材	
コンクリート塊、**コンクリートや鉄から成る建設資材**、**木材**（**繊維板等を含む**）、**アスファルト・コンクリート塊** （特定建設資材ではないもの：モルタル、アスファルト・ルーフィングなど）	
＊2　騒音関係特定建設作業	
◎くい打機（もんけんを除く）、くい抜機またはくい打くい抜機（圧入式くい打くい抜機を除く）を使用する作業（くい打機をアースオーガーと併用する作業を除く） ◎びょう打機を使用する作業 ◎さく岩機を使用する作業（作業地点が連続的に移動する作業にあっては1日の最大距離が50mを超えない作業に限る） ◎空気圧縮機（電動機以外の原動機を用いるものであってその原動機の定格出力が15kW以上のものに限る）を使用する作業（さく岩機の動力として使用する作業を除く） ◎コンクリートプラント（混練機の混練容量が0.45m3以上のものに限る）またはアスファルトプラント（混練機の混練重量が200kg以上のものに限る）を設けて行う作業（モルタルを製造するためにコンクリートプラントを設けて行う作業を除く） ◎バックホウ（一定の限度を超える大きさの騒音を発生しないものとして環境大臣が指定するものを除き、原動機の定格出力が80kW以上のものに限る）を使用する作業 ◎トラクターショベル（一定の限度を超える大きさの騒音を発生しないものとして環境大臣が指定するものを除き、原動機の定格出力が70kW以上のものに限る）を使用する作業	

3.4 廃棄物処理法等の遵守とコンプライアンスは「廃棄物処理」が重要

◎ ブルドーザー（一定の限度を超える大きさの騒音を発生しないものとして環境大臣が指定するものを除き、原動機の定格出力が 40kW 以上のものに限る）を使用する作業
◎ 鉄筋コンクリート造、鉄骨造、鉄骨鉄筋コンクリート造、ブロック造の構造物を動力、火薬または鋼球を使用して解体または破壊する作業
◎ コンクリートミキサーを用いる作業及びコンクリートミキサー車を使用してコンクリートを搬入する作業
◎ コンクリートカッターを使用する作業（作業地点が連続的に移動する作業にあっては 1 日の最大距離が 50m を超えない作業に限る）
◎ ブルドーザー、パワーショベル、バックホウ、スクレイパ、トラクターショベルを用いる作業以外でこれらに類する機械（原動機として最高出力 74.6kW 以上のディーゼルエンジンを使用するものに限る。）を用いる作業
◎ ロードローラー、振動ローラー、てん圧機を用いる作業
＊騒音の大きさの制限：**工事個所の敷地境界線において 85 ｄB**

＊3 振動関係特定建設作業

◎ くい打機（もんけんや圧入式くい打機を除く）、くい抜機（油圧式くい抜機を除く）またはくい打くい抜機（圧入式くい打くい抜機を除く）を使用する作業
◎ 鋼球を使用して建築物その他の工作物を破壊する作業
◎ 舗装版破砕機を使用する作業（作業地点が連続的に移動する作業にあっては、1 日における当該作業に係る二地点間の最大距離が 50m を超えない作業に限る）
◎ ブレーカー（手持式のものを除く）を使用する作業（作業地点が連続的に移動する作業にあっては、1 日における当該作業に係る二地点間の最大距離が 50m を超えない作業に限る）
＊振動の大きさの制限：**工事個所の敷地境界線において 75 ｄB**

騒音・振動の禁止事項

◎夜間の作業禁止時間
　1 号区域　→**午後 7 時から翌日の午前 7 時まで**
　2 号区域　→**午後 10 時から翌日の午前 6 時まで**
◎1 日の作業時間
　1 号区域　→　**1 日 10 時間を超えない**
　2 号区域　→　**1 日 14 時間を超えない**
◎作業期間の制限
　同一箇所において、連続 6 日間を超えて騒音・振動を発生させない
◎作業の禁止日
　日曜日、その他の休日は作業禁止

◎騒音規制法と振動規制法「届出事項」
施工者氏名、連絡先、目的となる工作物、工事名、発注者名、作業期間、作業開始時間～終了時間、使用する機械の名称・形式、騒音または振動の防止方法、工事個所周辺の見取り図工程表等

3 建設関連法令の遵守とコンプライアンス

第 3 章　建設関連法令の遵守とコンプライアンス

3.5　建設関連法の罰則

　建設事業者は、社会的倫理、企業倫理・規範に反することなく、建設関連法の遵守とコンプライアンスの徹底に向けて、従業員教育を継続的に行わなければなりません。建設業におけるバリューチェーン・マネジメントでは、**主活動**として、**施工現場の管理者**に「建設業法」「労働安全衛生法」「建設工事標準約款」「廃棄物処理法」など建設関連法遵守についての**技術者教育を行い**ます。また、**支援活動**として、関連する**各部門の契約、購買担当者**は、外注先や資材の取引先と価格交渉などを行う際に、「**外注方針**」「**購買方針**」で**法の遵守とコンプライアンスの位置づけを明確**にすることです。そのための**研修や教育を実施**することも重要です。建設事業者の教育活動は、**従業員が自らコンプライアンスの重要性を認識し、自己規律に満ちた職場文化を醸成**することです。この職場文化の醸成こそ、発注者から信頼される建設事業活動の推進につながり、**競合他社に対する優位性**を高めます。

　建設事業では、建設リスクの重要度を踏まえたうえで、個別の施工上、ビジネス上のリスクを把握し、業務にあたらなければなりません。経営上重大な事態や災害などの緊急事態が発生した場合は、社内規程に従うだけでなく、必要に応じた緊急対策を実施するなど適切な措置を講じることを発注者から求められます。そのため建設業におけるバリューチェーン・マネジメントでは、**主活動と支援活動**で、**建設リスクを横断的な全社レベルで受け止め**、自らの業務として**適切に管理**しなければなりません。建設リスクを適切に管理できないと**罰則規定により法的に処置され**ます。

　刑法では事故に最も近い過失を犯した者から企業組織の上位者に遡って責任が及んでいくことになりますが、**建設関連法違反**は、事業者責任のみならず、**企業組織のトップから次第に権限分配に応じて責任が下部職制へ及んでいくこと**になります。例えば、労働安全衛生法の罰則の適用は、第 122 条に基づいて、**当該違反の実行行為者**に対しなされるほか、**事業者たる法人または人に対しても罰金刑が科せられるという両罰規定**になっています。関係機関から審決という形で**業務改善命令**が出され、**多額の課徴金**が課せられる場合もあります。

　さらに、建設業法に基づく監督処分として、**営業停止などの行政処分**の対象となるほか、国や道、市町村に指名参加をしているときは、長期間にわたる**指**

3.5 建設関連法の罰則

名停止措置がとられることになります。刑法で禁じられている**贈賄や談合を行った場合**は、**懲役や禁固刑**など、より一層重い罰則が課せられることにもなりますし、社会的な信用も大きく損なわれることとなります。

3.5.1 建設業法に違反すると

建設業者が**建設業法や入札契約適正化法に違反**すると、建設業法の監督処分の対象になります。**監督処分**には、**指示処分**、**営業停止処分**、**許可の取消処分**の３種類があります。

（1）指示処分

建設業者が建設業法に違反すると、監督行政庁による指示処分の対象になります。**指示処分**とは、**法令や不適正な事実を是正**するために企業がどのようなことをしなければならないか、**監督行政庁が命令**するものです。

（2）営業停止処分

建設業者が指示処分に従わないときには、監督行政庁による営業停止処分の対象になります。一括下請禁止規定の違反や独占禁止法、刑法などのほかの法令に違反した場合などには、指示処分なしで直接営業停止処分が科せられることがあります。**営業の停止期間は１年以内**で監督行政庁が判断して決定します。

（3）許可の取消処分

不正手段で建設業の許可を受けたり、営業停止処分に違反して営業したりすると監督行政庁によって、**建設業の許可の取消し**がなされます。一括下請禁止規定の違反や独占禁止法、刑法などのほかの法令に違反した場合などで、情状が特に重いと判断されると指示処分や営業停止処分なしで、即、許可取消しとなります。

3.5.2 労働安全衛生法に違反すると

建設業者が**労働安全衛生法に違反**すると、主に以下のような**罰則規定**があります。

3

建設関連法令の遵守とコンプライアンス

77

第3章　建設関連法令の遵守とコンプライアンス

労働安全衛生法上の主な罰則規定
懲役6か月以下または罰金50万円以下（法第119条） ◎ 事業者の講ずべき危害防止措置の不履行（法第20条～第25条） ◎ 労働者救護に関する措置の不履行（法第25条の2第1項） ◎ 特定元方事業者の講ずべき措置の不履行（法第30条の2第1項、第4項） ◎ 注文者の講ずべき措置の不履行（法第31条第1項） ◎ 機械など貸与者などの講ずべき措置の不履行（法第33条第1項、第2項） ◎ 建築物貸与者の講ずべき措置の不履行（法第34条） ◎ 作業主任者の不選任、特別教育の不履行（法第14条、第59条第3項） ◎ 就業制限規定の違反（法第61条第1項） ◎ 使用停止など命令の違反（法第98条第1項、第99条第1項） （その他省略）
罰金50万円以下（法第120条） ◎ 統括安全衛生責任者の選任義務違反（法第15条第1項、第3項） ◎ 元方安全衛生管理者の選任義務違反（法第15条の2第1項） ◎ 安全衛生責任者の選任義務違反（法第16条第1項） ◎ 労働者の危害防止措置の不遵守（法第26条、第32条第4項） ◎ 特定元方事業者などの講ずべき措置の不履行（法第30条第1項、第4項） ◎ 請負人の講ずべき措置の不履行（法第32条第1項～第3項） ◎ 貸与機械などを操作する者の遵守義務違反（法第33条第3項） ◎ 定期自主検査及び特定自主検査義務違反（法第45条第1項、第2項） ◎ 雇入れ時などの教育の不履行（法第59条第1項） ◎ 計画届出義務違反（法第88条第1項～第5項） ◎ 書類の保存などに関する義務違反（法第103条第1項） （その他省略）

3.6　労働災害を発生させたときの責任

　建設業で**労働災害を発生**させると、**事業者の四重責任**である「**刑事責任**」「**民事責任**」「**行政責任**」「**社会的責任**」が問われます。

（1）刑事責任

　建設業において労働災害を発生させた場合、まず問題となるのが「刑事責任」です。**刑事責任の主なもの**は、**刑法の業務上過失致死傷等**（刑法第 211 条）です。

業務上過失致死傷等（刑法第 211 条）

業務上必要な注意を怠り、よって人を死傷させた者は、**5 年以下の懲役若しくは禁錮又は 100 万円以下の罰金**に処する。重大な過失により人を死傷させた者も、同様とする。

（2）民事責任

　労働災害の発生は、刑事責任だけでなく、**被害者への民法上の賠償責任も生じます**。労働災害などの発生に関して、一般的に民法上の規定が適用されるのは「**債務不履行責任**」「**不法行為責任**」「**工作物の瑕疵責任**」「**注文者の責任**」です。

1）債務不履行責任（民法第 415 条）

　安全配慮義務といわれるもので、建設現場での作業において、**安全衛生管理を尽くして保護する義務**があり、これを怠ると**賠償責任**が生じます。

2）不法行為責任（民法第 709 条、第 715 条）

　労働災害などの発生要件に、**故意または過失による他人の権利の侵害**、すなわち労働者の生命、身体などの損傷の発生することを認識し、かつ、それを容認した行為や、義務を遂行するにあたって**必要な安全上の注意義務を欠いた行為**があれば**賠償責任**が生じます。

3）工作物の瑕疵責任（民法第 717 条）

　土地の工作物の設置または保存について、**その物が本来備えているべき性質（通常有しているべき安全性）**、設備、機能、構造などについて欠けていて、他人に損害を発生させたときは、**賠償責任**が生じます。

第3章　建設関連法令の遵守とコンプライアンス

4) 注文者の責任（民法第716条）

受注者が第三者に与えた損害は、受注者に賠償責任がありますが、**注文者の発注条件や指図で注文者に過失**があるときは、**注文者に責任**があります。

（3）行政責任

公共工事などの請負工事の施工にあたって、**安全管理の措置が不適切であったため**、**公衆に死亡者や負傷者を生じさせたり、または損害を与えたりしたときは、行政処分として最高6か月の指名停止処分**が科さられることがあります。詳細は下表を参照ください。

このように労働災害の発生は、刑事責任、民事責任が問われるだけでなく、行政処分が科せられることとなります。

労働災害の発生による指名停止	
措置要件	期間
公共工事の施工にあたり、安全管理の措置が不適切であったため、**公衆に死亡者もしくは負傷者を生じさせ、または損害（軽微なものを除く）を与えた**と認められるとき。	当該認定をした日から**1か月以上6か月以内**
一般工事の施工にあたり、安全管理の措置が不適切であったため、**公衆に死亡者もしくは負傷者を生じさせ、または損害を与えた場合において、当該事故が重大であると認められる**とき。（安全管理措置の不適切により生じた工事関係者事故）	当該認定をした日から**1か月以上3か月以内**
公共工事の施工にあたり、安全管理の措置が不適切であったため、**工事関係者に死亡者または負傷者を生じさせた**と認められるとき。	当該認定をした日から**2週間以上4か月以内**
一般工事の施工にあたり、安全管理の措置が不適切であったため、**工事関係者に死亡者または負傷者を生じさせた場合において、当該事故が重大であると認められる**とき。	当該認定をした日から**2週間以上2か月以内**

（4）社会的責任

社会的責任（social responsibility）は、市民としての組織や個人は、社会において望ましい組織や個人として行動すべきであるという考え方によります。建設工事において、労働災害を発生させたり、有害物を発散させたり、長時間労働によるストレスで労働者の安全と健康を損ねた場合、それが報道されることで、**社会的信用の失墜**につながり、建設会社は**大きな経済的損失**を被ります。あわせて、**近隣地域の住民**に直接・間接に損害や不安を与え、**厳しい責任追及**

を受けます。企業は、CSR（企業の社会的責任）の観点からも安全衛生対策に万全を期すことにより、地域社会から信頼され、安全と安心の印象を与えることがますます重要となっています。企業は、発注者と一体となって社会的責任を果たし、ともに**持続的な発展**を遂げることを目指すべきです。利用する人々に対する社会的な責任を果たすべき**技術者倫理**が建設事業者に求められています。

なお「社会的責任」の国際規格である ISO 26000 は 2010（平成 22）年 11 月に発行されました。

第3章　建設関連法令の遵守とコンプライアンス

3.7　違反建築物の是正指導

違反建築物と認定された場合、法的な処理がなされます。

（1）違反建築物の是正指導

違反建築物の是正指導は、建築基準法第9条第1項において、「建築基準法令の規定又はこの法律の規定に基づいて**許可に付した条件に違反した建築物**又は建築物の敷地については、当該建築物の**建築主**、当該建築物に関する**工事の請負人**（請負工事の**下請人を含む。**）若しくは**現場管理者**又は当該建築物若しくは建築物の**敷地の所有者**、**管理者**若しくは**占有者**に対して、当該工事の**施工の停止**を命じ、又は、相当の猶予期限を付けて、当該**建築物の除却**、**移転**、**改築**、**修繕**、**模様替**、**使用禁止**、**使用制限**その他これらの規定又は条件に対する**違反を是正するために必要な措置**をとることを命ずることができる」と規定されています。

違反建築物の是正の措置とは、**行政指導を無視した工法の変更や**、**不適切な箇所の是正を行わない場合**は、前述された建築基準法第9条第1項、第7項（建物の使用禁止、使用制限命令等）、10項（施工停止）に基づく、**工事停止**、**使用禁止**、**除却**などの**行政命令**が出されます。

「違反建築物の是正」**命令に従わない場合**には、建築基準法第98条により、**3年以下の懲役**または**300万円以下の罰金**に処せられる場合があります。

また、**命令を受けた場合**には、建築基準法第9条第13項により、建築現場に「建物の所在地」「命令を受けた人の住所」「氏名等」を記載した「**標識**」が**設置**され、「**掲示板**」にも**掲載**されることになります。

（2）関係業者の処分

行政指導を無視した工法の変更や、不適切な箇所の是正を行わない場合、**発注者**をはじめ、違反建築を安易に引き受ける**設計者・施工業者**（設計施工一体型でない場合も同様です）も**責任が問われます**。**違反建築に関係した業者**には、**業務の停止**や**営業許可・免許の取り消し**などの以下の**行政処分**が科せられることがあります。

① 宅地建物取引業に係る違反建築の取引をした**発注者**（宅地建物取引業法

による処分など）

② 違反建築を設計した**設計者**（建築士法による処分）

③ 違反建築の工事を行った**施工業者**（建設業法による処分）

（3）行政代執行

本来、**違反建築を是正**するのは、**民間の所有者や行為者**（発注者、設計者、施工業者（元請人）など）です。しかし、民間の所有者や行為者が、行政による違反建築の是正命令に従わない場合、**行政が所有者や行為者に変わって、違反建築の是正工事**を実施します（**行政代執行**といいます）。また、是正が十分でないとき、期限内に完了する見込みがないときも同様です。行政代執行とは、違反建築の設計、施工、販売が行われた場合、**違反建築を是正させ安全で無害の適法な状態にすること**です。行政が違反建築物を是正指導するための最終手段で、建築基準法第9条第12項により履行されます。違反指導や命令を無視した悪質な違反建築を放置すれば、周辺の住環境に与える影響が大きいですし、市民の遵法精神や行政による違反指導にも悪影響を及ぼすおそれがあります。行政代執行は、行政指導を無視した工法の変更や、不適切な箇所の是正を行わない事業者に対し、健全で安全・安心なまちを守るために実施できる強力な行政手段です。なお、**行政代執行にかかった工事費などの費用**は、行政から**全額違反者**（発注者、設計者、施工業者（元請人）など）**に請求**されます。

命令違反は社会的な影響は大きく、責任が重いため、建設関連事業者には以下の罰則措置がとられます。日ごろから、**主活動**と**支援活動**と**一体となった建設事業を実施**し、**企業のコンプライアンス**と**技術者倫理**に配慮した管理を行わなければなりません。

◎ 2007（平成19）年の建築基準法が改正されて、命令違反にかかる罰金は大幅（従来の最高50万円から最高300万円）に引き上げられました。不特定または多数の者が利用する集合住宅などの建築物に関する構造、防火など**直接生命にかかわる規定の命令違反**について、**法人重課を最高1億円**とするなど、罰則の全体的な強化が行われました。

◎ 違反建築物または保安上危険な建築物などに対する特定行政庁などの是正命令違反（建築基準法第9条第1項、第10条前段）は、この場合、設計者、監理者、請負人、下請人、宅地建物取引業者などを監督する**国交大臣または知事に通知**されます。国交大臣などは**免許などの取消し**、**業務停止**など

第3章　建設関連法令の遵守とコンプライアンス

の**処分**を講ずることができます（建築基準法第9条の3第1、2項）。

上記に関し、施工構造耐力等の規定に違反した**設計者**、設計図書を用いないで、または設計図書に明記された施工方法や作業方法に従わずに施工した**工事施工者**は、建築基準法第98条により、**3年以下の懲役または300万円以下の罰金**（法人1億円以下の罰金、建築基準法第103条）が科せられます。

◎ **無確認建築物の施工**（建築基準法第6条第14項）または**中間検査を受けない特定工程後の工事の施工**（建築基準法第7条の3第6項）に関する行為も処分されます。発注された設計図書を用いず、または従わずに施工すると、建築基準法第99条により**1年以下の懲役又は100万円以下の罰金**（法人同）が科せられます。

◎ 建設業者（**法人・役員**）または法令で定める使用人（**現場代理人ら**）が、その業務に関しほかの**法令**（**労働安全衛生法**や**廃棄物処理法**など）**に違反**（建設廃棄物に従わない処理など）し、建設業者として不適当であると認められるとき、国交大臣は**1年以内の営業停止**を命じることができます（建設業法第28条1、3）。

建築士が、建築物の建築に関するほかの法律、またはこれらに基づく命令、もしくは条例の規定に違反したときは、**業務停止**または**免許の取消し**をすることができます（建築士法第10条第1、2項）。

（4）命令までの手続きについて

違反建築物の是正指導命令までの手続きを時系列に説明します。

1）現地調査

現地パトロール、他部署、地域住民などからの連絡（通報）があった場合は、**現地調査**を行います。現地調査の結果、**違反の緊急性や危険度が高い場合**は、**再調査**を実施します。そして**施工不良が確実**なった場合、その場で同法第9条第7項または同条第10項に基づく「**緊急命令**」が出されることもあります。

2）事情聴取

発注者や施工業者から**事情聴取**します。また、行政は、**建築主（発注者）、設計者・工事施工者（元請人）**らに「**依頼書（青紙）**」を送付し、**調査報告書を提出**させます。第三者機関の意見も踏まえた検証を求めることもあります。

発注者と元請人は、第三者機関の検証結果を踏まえて行政に**報告書を提出**し

ます。発注者、施工者の報告書の遅れなどによる**事情聴取に応じない場合**、行政が代わりに**現地調査**や**資料調査**を行います。

3）指示書の送付（行政指導）

　事情聴取の結果を行政が危険と判断すると、集合住宅の補修や是正を求めた**「指示書（赤紙）」を送付**します。指示書では、施工中の場合は「**工事中止**」、既に完成し使用している場合は、「**使用停止**」の措置がとられます。

4）予告通知

　発注者、施工者との主張の相違や報告書の提出の遅れなどから、行政の是正指導に応じない場合があります。行政は危険性が高いと判断すれば、建築基準法第9条第1項の命令実施が施行できます。しかし、あらかじめ、建築基準法第9条第2項に基づいて、行政が発注者と施工者に命ずる内容とその理由を記した**通知書が交付**され、弁明の機会が与えられます。

5）本命令

　本命令とは、建築基準法第9条第1項の**違反建築物の是正指導の命令**を出すことをいいます。**公告**として当該地のその旨を記載した**標識が設置**されます。違反建築物の是正指導命令の公告と標識は、違反建築物が第三者（住民側）に購入された場合、購入者に広く注意喚起を行うために実施します。

　また、建築基準法第9条第3項の規定により、監督する**国土交通省大臣または都道府県知事**から、設計した建築士、工事を実施した建設事業者（元請人、下請人）および宅地取引業にかかわる取引をした宅地取引業者（注文者）に**通知**されます。

6）行政代執行

　発注者、施工者が違反建築物の是正指導の命令に従わない場合、**行政が該当者に代わり、違反建築物の是正工事**を実施します。この**行政代執行**に要した**費用**は、発注者、施工者などの**違反者から徴収**されます。

7）告発

　行政が発注者、施工者を検察庁に告発し、処分を求めます。

第3章　建設関連法令の遵守とコンプライアンス

3.8　建設工事の工事請負契約

　最後に、建設関連法令の遵守とコンプライアンスの徹底の基本となる建設工事の請負契約（主に下請契約）について説明します。**建設工事の請負契約**とは、**報酬を得て、建設工事の完成を目的として締結する契約**をいいます。**資材納入、調査業務、運搬業務**は、その内容自体は建設工事ではないので、建設工事の請負契約に**該当しません**。

3.8.1　工事請負契約書はなぜ必要か

　請負契約は民法上では口約束でも効力を生じますが、建設工事の契約を口頭で行うと、当事者間のちょっとした認識の違いから工事の内容や工期、請負金額などについてトラブルになりかねません。一旦、契約上のトラブルが発生するとその解決に長期間を要すること多々あります。**建設業法**では、後になって請負代金、施工範囲などに係る元請下請間の紛争が発生することを防ぐため、**あらかじめ契約内容を確認のうえ、書面にて明確にする**こととしています。

　下請契約があいまいなまま工事が行われると、元請人、下請人それぞれに、次のようなさまざまな問題が生じるおそれがあります。

| 工事請負契約書を交わしていないことで起こりうる問題 ||
元請人	下請人
◎ 下請人から不当な支払を要求される。 ◎ 工事が工期内にでき上がらない。 ◎ 下請人に施工不備を指摘しても、補修してもらえない。	◎ 出来高に応じた正当な請負代金を請求できなくなる。 ◎ 下請負代金が長期の手形になることが危惧される。 ◎ 支払条件が不適切となり、自社持込みなどが考慮されず、下請人の経営が圧迫される。

3.8.2　建設業法に規定された下請契約の内容

　請書で下請契約を締結しない場合であっても、**注文書**には**建設工事標準下請契約約款を添付して下請契約を締結**してください。契約に際し、建設業法第19条に規定された**重要事項を明示した適正な契約書を作成**し、**下請工事着工前までに署名または記名押印して相互に交付**しなければなりません。建設業法

3.8　建設工事の工事請負契約

では、以下の 14 項目を必ず記載しなければならないと規定されています。

建設工事の請負契約の内容（建設業法第 19 条）

① 工事内容
② 請負代金の額
③ 工事着手の時期および工事完成の時期
④ 請負代金の全部または一部の前金払または出来形部分に対する支払の定めをするときは、その支払の時期および方法
⑤ 当事者の一方から設計変更または工事着手の延期もしくは工事の全部もしくは一部の中止の申出があった場合における工期の変更、請負代金の額の変更または損害の負担およびそれらの額の算定方法に関する事項
⑥ 天災その他不可抗力による工期の変更または損害の負担およびその額の算定方法に関する事項
⑦ 価格など（物価統制令（昭和 21 年勅令第 118 号）第 2 条に規定する価格などをいう。）の変動もしくは変更に基づく請負代金の額または工事内容の変更に関する事項
⑧ 工事の施工により第三者が損害を受けた場合における賠償金の負担に関する事項
⑨ 発注者が工事に使用する資材を提供し、または建設機械その他の機械を貸与するときは、その内容および方法に関する事項
⑩ 発注者が工事の全部または一部の完成を確認するための検査の時期および方法ならびに引渡しの時期
⑪ 工事完成後における請負代金の支払の時期および方法
⑫ 工事の目的物の瑕疵を担保すべき責任または当該責任の履行に関して講ずべき保証保険契約の締結その他の措置に関する定めをするときは、その内容
⑬ 各当事者の履行の遅滞その他債務の不履行の場合における遅延利息、違約金その他の損害金
⑭ 契約に関する紛争の解決方法

＊ 建設業法では、基本的には両者の署名または記名押印により契約書を作成することとされていますが、注文書・請書を相互に交付することでもかまいません。ただし、下請契約当事者間のトラブルを防ぐためには、建設工事標準下請契約約款または、これに準拠した内容の契約書で契約をすることが必要です。

＊ 下請契約は「建設工事の工事請負契約」であるので、それに該当しない資材納入、調査業務、運搬業務、警備業務などの契約金額は含みません。

3.8.3　下請契約に必要な標準下請契約約款

　請負契約を締結するにあたって、建設業者と発注者が一条ずつ協議しながら工事請負契約書を作成することが原則ですが、締結までに時間を要するという難点があります。このため、建設業に関して権威ある機関である中央建設業審議会などで建設工事の標準請負契約約款を示していますので、この約款を契約書に添付して請負契約を締結することが一般的です。以下に中央建設業議会が示している建設工事請負契約の標準的な約款をあげます。**下請契約**は**標準下請契約約款**（またはこれに準拠した契約書）**で締結**します。

◎公共工事標準請負契約約款
◎民間建設工事標準請負契約約款（甲）（乙）
◎建設工事標準下請契約約款

3.8.4　下請契約のフロー

　適正な元請下請関係の構築のためには、個々の下請契約が各々対等な立場における合意に基づいて締結される必要があります。

　なお**下請契約締結に至る手順が決められて**います。下請契約締結には以下の「**下請契約のフロー**」に基づいた協議が必要です。

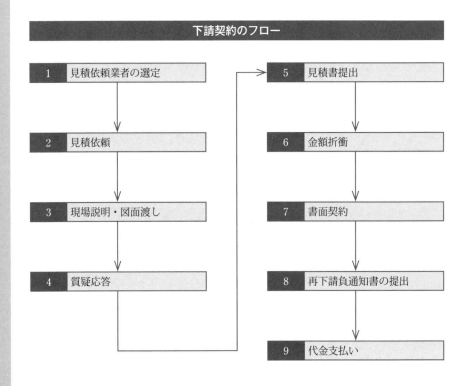

（1）見積依頼業者の選定

　　見積依頼業者を選定します。

3.8　建設工事の工事請負契約

（2）見積依頼

　見積依頼業者を選定したら**見積を依頼**します。建設工事の合理的かつ適正な施工を図るためには、あらかじめ**契約に重要な事項**を下請負人に書面にて提示します。契約の重要な事項は、①工事名称、②工事場所、③工事概要、④予定工期（全体工期及び見積対象工事の双方）、⑤工法、⑥支給品の有無、⑦施工条件・範囲、⑧支払条件、⑨現場説明・図面渡しの日時・場所、⑩見積書の提出期限、⑪制約条件などその他の必要な事項です。なお、**標準的な見積費目**は**直接工事費＋共通仮設費＋現場管理費＋諸経費**です。

　また、**下請負人が適切に見積を行うに足りる期間を設けなければなりません。**下請契約内容の提示から見積書提出まで、設けなければならない見積期間が、下請工事の予定価によって、以下のように定められています。

見積期間	
下請工事の予定価格	見積期間
① 500 万円に満たない工事	中 1 日以上
② 500 万円以上 5,000 万円に満たない工事	中 10 日以上
③ 5,000 万円以上の工事	中 15 日以上

注）予定価格が②③の工事については、やむを得ない事情があるときに限り、見積期間を
　　それぞれ、5 日以内に限り短縮することができます。

（3）現場説明・図面渡し

　元請人は下請人に、**工事現場の状況を説明**し、見積のための**図面を渡します。**現場説明・図面渡しでは、「**見積条件の明確化**」「**見積費目の提示・確認**」「**図面、仕様書の提示・確認**」を行います。

（4）質疑応答

　見積条件に対する質疑応答を行います。質疑応答では、職務上権限を有する者同士が対応し、質問内容を明確にし、迅速な質問により、見積条件内容を確定します。

（5）見積書提出（内訳が明らかな見積書）

　建設工事の見積書は、「**工事の種別**」ごとに「**経費の内訳**」が明らかとなったものでなければなりません。

第 3 章　建設関連法令の遵守とコンプライアンス

　工事の種別とは、土木工事の切土、盛土、コンクリート工事（型枠工事、鉄筋工事）のような「工種」と、建築工事の本館、別館のような「目的物の別」をいいます。

　経費の内訳とは、労務費、材料費、共通仮設費、現場管理費、機械経費などをいいます。

（6）金額折衝

　経費の内訳に対し**金額折衝**を行います。元請人は自己の取引上の地位を不当に利用し、通常必要と認められる原価に満たない金額で下請負契約を締結してはいけません。下請契約の請負価格は、施工範囲、工事の難易度、施工条件などを反映した合理的なものとします。

（7）書面契約

　建設工事の下請契約では、元請人、下請人、各々の**対等な立場での合意**に基づいて**公正な契約**を締結しなければなりません。下請契約の当事者は、下請契約の条項を誠実に履行しなければなりません。

（8）再下請負通知書の提出

　施工体制台帳の作成が義務づけられたことに伴い、多くの工事で実施されているように、一次下請負人がさらにその工事を二次下請人に再下請負した場合、元請人である**特定建設業者に対し再下請負通知書を提出**しなければなりません。再下請負通知書の内容は次のとおりです。

① 自社（一次下請人）に関する事項
② 自社（一次下請人）が元請人と締結した建設工事の請負契約に関する事項
③ 自社（一次下請人）が下請契約を締結した再下請負人（二次下請人）に関する事項[*]
④ 自社（一次下請人）が再下請負人（二次下請人）と締結した建設工事の請負契約に関する事項[*]
＊ 添付書類（請負契約書の写し）に記載されている事項は、再下請通知書への記載が省略できます。

3.8　建設工事の工事請負契約

（9）代金支払い

　下請契約の代金を適正に支払います。下請代金が適正に支払われなければ、下請人の経営の安定が阻害されるばかりでなく、ひいてはそれが手抜き工事、労災事故などを誘発し、建設工事の適正な施工の確保が困難になりかねません。建設業法では、工事の適正な施工と下請負人の利益保護を目的として、下請代金の規定を設けています。

① 発注者から支払いを受けたら **1 か月以内**に支払う
　（建設業法第 24 条の 3 第 1 項）
　発注者から請負代金の出来高払い、または竣工払いを受けたときは、その支払対象となった工事を施工した下請人に対して、相当する下請代金を 1 か月以内に支払わなければなりません。
　下請代金の支払は、出来高払い、または竣工払いのいずれの場合においても、できる限り早く行うことが必要です。1 か月以内という支払期間は、毎月一定の日に代金の支払を行うことが多いという建設業界の商慣習を踏まえて、定められたものですが、1 か月以内であればいつでもよいというものではなく、**できる限り短い期間内**に支払わなければなりません。

② 発注者から前払金を受けたらとき**下請人にも前払金**を支払う
　（建設業法第 24 条の 3 第 2 項）
　前払金を受けたときは、下請人に対して資材の購入、労働者の募集、その他建設工事の着手に必要な費用を前払金として支払うよう配慮しなければなりません。資材業者、建設機械や仮設機材の賃貸業者などについても同様です。
　建設工事においては、発注者から資材の購入や労働者の募集など建設工事の着手のために必要な準備金が前払金として支払われることが慣行となっていますが、このような資材購入などの準備行為は元請人だけでなく下請人によっても行われることも多いので、元請人が前払金を受けたときは下請人に対しても工事着手に必要な費用を前払金として支払うよう努めるべきこととしています。

③ **完成確認検査**は工事完成の通知を受けてから **20 日以内**に実施（建設業法第 24 条の 4 第 1 項）
　下請工事の完成を確認するための検査は、工事完成の通知を受けた日から

第3章　建設関連法令の遵守とコンプライアンス

20日以内に行い、かつ、検査後に下請負人が引渡しを申し出たときは、直ちに工事目的物の引渡しを受けなければなりません。

　完成確認検査は工事完成の通知日から20日以内で、できる限り短い期間内に行います。

　下請負人からの「工事完成の通知」や「引渡しの申出」は口頭でも足りますが、後日の紛争を避けるため書面で行うことが適切です。

④ **特定建設業者**は引渡し申出日から **50日以内**に支払う
　（建設業法第24条の5第1項）

　特定建設業者は、下請人（特定建設業者、または資本金額が4,000万円以上の法人を除く）からの引渡し申出日から起算して50日以内に下請代金を支払わなければなりません。

　特定建設業者の制度は下請負人保護のために設けられたものですから、特定建設業者については、**注文者から支払を受けたか否かにかかわらず**、工事完成の確認後、下請負人から工事目的物の引渡しの申出があったときは、申出の日から50日以内に下請代金を支払わなければならないことになっています。

⑤ できる限り**現金払い**（建設業法第24条の5第3項）

　下請代金の支払いは、できる限り現金払いとしなければなりません。手形で支払う場合においても、**手形期間は120日以内で**、できるだけ短い期間としましょう。

　現金払いと手形払いを併用する場合であっても、**支払代金に占める現金比率を高める**とともに、少なくとも**労務費相当分は現金払い**とします。手形期間が120日を超えるものについては、割引困難な手形に該当するおそれがあるので、手形期間は120日以内とします。

⑥ 2つの支払期日の関係は**早いほうが実際の支払日**

　特定建設業者は、元請としての義務（①1か月以内）と特定建設業者の義務（④50日以内）の両方の義務を負います。よって出来高払いや竣工払いを受けたときから1か月以内か、引渡しの申出から50日以内の支払期日（支払期日の定めがなければ引渡し申出日）の**いずれか早いほうが実際の支払日**になります。

第4章

施工管理体制
施工管理体制の強化で施工不良を防ぐ

　建設事業では入札形式がとられているため、建設業者は同質的な**価格競争に突き進む傾向**があります。建設業の問題は、事業上価格で決まり、**施工管理の効率などの優位性では差がつきにくい**ことです。建設業は、ほかの製造業と比べて、バリューチェーン・マネジメントの充実だけでは、なかなか差がつきにくい職種です。しかし、建設業も「ものづくり」には違いありません。したがって、落札価格のみに事業の集中を図るのではなく、施工管理の効率性を向上させなければ、後発企業に追いつかれる危険性が高いということを認識すべきです。**施工管理体制の強化**により施工管理の効率をあげ、**施工不良を防ぐ**ことで品質確保を促進します。

4.1　施工管理の基本原則

　建設事業で利益を追求するためには、**支援活動**で、施工管理を含め、**各機能の事業全体における位置づけを俯瞰して捉える**ことが必要です。受注した事業について、**どの工種が高い付加価値を生み、競争優位となっているのか、コスト削減が可能な工種はどこか、資材の購買などアウトソーシングできる機能はどこか**などを見極め、適切な活動配分を検討することが重要です。施工管理の基本原則も事業戦略の決定に従います。このように**建設業のバリューチェーン・マネジメント**では、受注した事業において、**支援活動**で、**施工管理、外注管理、購買管理のどこが強化すべき強みでどこが補うべき弱みかを、機能別に分析**して、**主活動である施工に臨みます**。個々の工事管理に目を向けると、施工管理の基本原則として、**主活動**では、**工事全体で管理の優先順位を決めて現場に出ます**。

4.1.1　監督職員の実施項目が施工者の対応項目
　現場代理人は、監督職員の「**施工監督要領**」に記載されている**内容を確認**・

第4章　施工管理体制　施工管理体制の強化で施工不良を防ぐ

把握し、監督職員の立会いに臨みます。**監督職員**（発注者）**の実施項目**は、すなわち**施工者**（受注者）**の対応項目**です。以下に監督職員の実施項目をまとめます。現場代理人は、これらの項目に対応することで、施工ミスなど重大事件を防ぎます。なお、監督職人の立会いでは、現場代理人は監督職員に実施項目に必要な人員や資機材などを提供し、写真や資料を整備しておきます。

監督職員の実施項目
① 監督職員は、建設、労働安全衛生、環境関連の法令の改正や、工事に使用される工法など常に最新の情報を入手し、施工計画書の受理・記載事項の確認を行います。
② 監督職員は、受注者に対し、工事の目的や内容を確認します。 ◎ 工事は建設業法上のどの事業（公共性のある工作物に関する建設工事）に該当するのか、工事の必要性や重要性を理解しているのかを確認します。 ◎ 設計内容（調査資料、構造計算書、数量計算書等）、設計図面、仕様書など関係資料を熟知し、工事の基準点を指示します。そして、請負者により設置された工事基準点を確認します。 ◎ 工事に着手する前に、設計図面、仕様書などを持参し、現地の状況をあらかじめ踏査し、工事内容から整合性をとっておくことが大切です。境界や高さの基準杭、道路、水路、埋設物などを事前に把握しているかを確認します。
③ 監督職員は、現場の施工が間違っていないか自分の目で確認し、施工ミスを防ぎます。設計図面、仕様書などから、鉄筋の本数や主筋の位置などを、自ら数えて図面との相違がないか確認します。監督職員は基本設計データチェックシートで確認します。
④ 監督職員は、施工現場における材料検査の立会い、土質やコンクリートなどの品質確認、現場での協議や内容の指示などを行います。なお、受注者は、施工管理状況を記録しておきます。現場代理人は、野帳などにメモした内容を、その日のうちに日誌に「いつ」「どこで」「誰が」「何を」がわかるように記録しておきます。受注者の施工管理業務は管理状況を記録することです。また、出来形管理状況の把握のため、元請人は、下請人と作業連絡打合せを行います。元請人、下請人を問わず、施工内容（実施数量、人数などを含むむ工程、安全管理状況）を会社の技術管理者らへの報告・連絡・相談（ホウ・レン・ソウ）を確実に実施します。
⑤ 監督職員は、工事関係書類により、施工計画と実施状況との相違はないか、常時、確認しておきます。現地の状況によって設計を変えるなどの適切な対応が必要です。また地権者、近隣者への配慮を常に忘れずに行い、問題の発生を事前に防ぐようにします。

4.1.2　基本的な施工管理の原則

施工現場では、**施工体系図などを現場の見やすい場所に掲示**します。**施工体制台帳との相違はないかを確認し、最新の施工状況を掲示**します。

安全施工サイクルの**作業場巡視・指導・監督**では、「**指示した工法で品質（出来形）が確保されているか**」「**法令どおりの安全体制で安全が確保されているか**」「**完成後確認できない部分**の施工は、**管理基準に従い実施されているか（段階確認）**」「**工程の遅れ（出来高）はないか**」など、設計図書（図面、仕様書など）の

施工計画どおり施工しているか確認します。

（1）安全管理

工事での事故、災害を防止するためには、労働安全衛生法に準拠した主活動を行います。現場が整理整頓されているか、安衛法などに抵触するような行為や施工箇所がないか、第三者に対し迷惑をかけている箇所や工事に対し意見が出るような箇所はないかを見ていきます。ポイントは次のとおりです。不適切な箇所や問題となりそうな箇所は、直ちに現場の担当者に指示し改善します。

◎ 元請人、下請人による**安全管理体制が確立**され、**安全管理者らの職務が遂行**されているか

◎ 作業現場、設備機器や保護具、服装の乱れなどの**安全点検体制が確立**され、常時、安全点検が実施されているか

◎ **KY などの作業手順が確立**され、状況に応じた**作業方法や作業環境の改善**が実施されているか

◎ 作業主任、有資格者、特別教育を必要とする作業など、**専門性の確保が徹底**され、入場者教育では立入禁止措置などの**安全衛生教育が実施**されているか

（2）工程管理

工程表は、**全体工程表**（計画工程表）と**実施工程表**（細部工程表）とに**分けて作成**しておけば、**定められた工期内に最小限のコスト**で工事を完成させることができます。

全体工程表（計画工程表）は、工事全体の進捗状況、あるいは全体工程の中のクリティカルパスを判断する「**施工速度（進度管理）**」に用い、発注者に「**バーチャート（横線式）**」で**提出**します。

実施工程表（細部工程表）は、「**工事原価管理**」を念頭に置き、「**バナナ曲線（曲線式）**」により「**施工速度（進度管理）**」に対する「**予算原価と実績原価を比較する施工効率（作業量管理）**」を**判断**します。**進度管理をスムーズに行うため「ネットワーク」で管理**します。工程管理は、建設企業の**支援活動**との「**ホウ・レン・ソウ**」が**基本**です。

◎ 工程表は飾りものではありません。毎日、実施→検討→処理のサイクルのなかで**進捗状況の把握**し、工種ごとに「**日々の損益の把握**」「**粗利益予測**」

第4章　施工管理体制　施工管理体制の強化で施工不良を防ぐ

「**効率的段取り**」を実施します。

◎ **施工計画会議**では、実施工程表により**進度管理**と**作業量管理**と**粗利益**を**把握**し、**現場代理人**が容易に**工事原価管理の変更などに対応**できるように**指導**することが大切です。

◎ **実施工程表**は、元請人本社や下請人、資材メーカーなどの関係会社との**スケジュール調整**も容易にしておくことが大切です。

◎ **工事原価管理**に使用するには、**各工程管理手法**と**併用**して工程管理に必要な「**進度管理**」と「**作業量管理**」の二つの管理を効率的に進めることです。工事原価管理における工程管理手法は、予算原価（**計画量**）に対する発生原価（**実績累計量**）を示し、比較できる「**原価管理情報**」ようにすることです。

以下に各工程表の長短所を示します。

各工程表の長短所		
区分	長所	短所
バーチャート （横線式）	◎ 作成が容易であり、修正も容易にできます。 ◎ 工事の進捗状況が直視的に判断できます。	◎ 各作業間の相互関係が不明確です。 ◎ 部分的な作業の変更があった場合に、変更した作業が全体的に及ぼす影響が把握できません。 ◎ 概略日程的であり、工期と作業の関係に不明な要素があります。
バナナ曲線 （曲線式）	◎ 出来高から工程を総合的に管理するので、作業進捗状況が全体と比較した％で示されます。工程の理解が容易です。	◎ 各作業の手順と関連が不明確です。 ◎ 工期に影響する作業の必要な日数が把握できません。 ◎ バーチャート（横線式）と併用すれば、作業手順、日数を把握でき、欠点もある程度解消できます。
ネットワーク	◎ 各作業間の相互関係が明確に理解できます。 ◎ 部分的な作業の変更があった場合、変更した作業が全体的に及ぼす影響が把握できます。 ◎ 工期と作業の関係が明確ですから、複雑なプロジェクトの総合管理、重点管理に適しています。	◎ 作成が容易でなく、修正に手間がかかります。 ◎ 手法を理解するのに時間がかかり、工事の進捗状況が直視的、数値で判断できません。

（3）品質管理

　品質管理は、**設計図書などに定められた品質規格を、安定的に確保するために実施**するものです。現場に搬入する材料、資材などを物理的、化学的試験により検査したり、データを確認する**品質規定方式**と締固め機種・敷均し厚さ・締固め回数を定める**工法規定方式**があります。監督職員が確認する主なポイントは以下のとおりです。

土工事

◎ 施工前、掘削後の土質が設計時の仕様書に明示されている土質と合致しているか否か確認し、写真を撮っておくこと。

◎ 掘削勾配は法令、規則、土工指針などに照らして問題ないか。床付けでの過掘りはないか。過掘りを発見したら、地耐力のある材料で速やかに仕様に応じた埋戻しを指示すること。

◎ 盛土材の締固め作業に適当な含水比は一般的には 20 〜 40％。手による感触で確認してもよいが、写真を撮っておくこと。巻き出し厚と転圧機械、転圧回数から必要な締固め密度を確保できる。

◎ 土工事はドライ施工が原則。凍結した土砂や凍結塊は、工事完了後に出来形面が沈下することから、埋戻しや盛土には使用できない。埋戻し、盛土材に締固め困難や沈下の原因になる草木、切株、竹根などの有機物も混入させてはいけない。

◎ 転圧機械がのり肩部盛土の転圧は墜落の危険があり、不足がちになる。仕様に応じた締固めを確保する施工法に注意する。

コンクリート工

◎ 現場に搬入されたコンクリートの断面は、応力計算（鉄筋量、部材厚）が設計図書と合っているか、コンクリートの強度・配合は適切か、スランプ試験（スランプ中のコンクリートの崩れ具合の形がポイント）、空気量試験で確認する。製作年月日と現地への搬入日をチェックし、圧縮強度試験（3 供試体採取する）を行う。

◎ 骨材の品質は、骨材のアルカリ反応（塩化物含有量試験）、粗骨材に死石が交じっていないかを確認する。

◎ コンクリートの打継目は、できるだけ剪断力の小さい場所に設ける。打継ぎの際には、旧コンクリート面を十分に清掃、レイタンス、品質の悪いコンクリート、緩んだ骨材などを完全に取り除く。

◎ 型枠などコンクリートに接して吸水する場所は、あらかじめ湿らせ打ち継ぎ面が十分に吸水されているか確認する。コンクリート打設時の不法加水は厳禁。

◎ コンクリートの打ち込み高さ 1.5m 以内。コンクリートの練混ぜから打ち終わる時間は、外気温 25℃以上は 1.5 時間以内、外気温 25℃以下は 2.0 時間以内。

◎ コンクリートを二層（コンクリート打設の一層厚さ 0.4 〜 0.5m 以下）以上に打設する場合は、コールドジョイントを作らないことが原則。打設面が上部と下部が一体となるよう内部振動機（垂直に使用し移動は不可）で締固めが十分か確認する。

◎ 打設後のコンクリートの表面は乾燥しやすく、水分が急激に発散してセメントの水和反応が遅くなるばかりでなく、コンクリートが吸縮してひび割れを生じるおそれがある。コンクリートの硬化中、十分湿潤な状態に保つ。

◎ 打設後のコンクリートの養生は、霜、日光、風、大雨に対してコンクリートの露出面の保護を十分に行う。コンクリートが十分硬化するまで衝撃や過分の荷重を加えないように保護し、打設時期やコンクリート材料に適応した養生期間を確保する。

第4章 施工管理体制 施工管理体制の強化で施工不良を防ぐ

コンクリート二次製品の検査

◎ コンクリート二次製品の材料承諾願い（JIS工場管理報告書）の製造年月日、製品構造が、設計図書の応力計算（鉄筋量、部材厚）条件を満たしているか、断面を確認する。

◎ 製品にひび割れ、欠損などの不良品が混じっていないかを確認する。不合格品の決定に当たっては適切に指示する。場内に放置しておくと、間違えて使用すること（工期が逼迫しているときなど）があり、不合格の材料は直ちに場外に搬出させる。

◎ コンクリート二次製品の設置位置・並べ方（標準品、役物の配置）、数量を確認する。コンクリート二次製品は重量が大きいため運搬中の取扱いは慎重に。

鉄筋工

◎ 納入された鉄筋は設計内容と合致しているかミルシートで確認する。鉄筋の屋外保管状況は、鉄筋の浮きサビの有無で確認する。

◎ 鉄筋は図示された位置に確実に組み立てられているか、鉄筋径、鉄筋の中心間隔（ピッチ）は適切か。継手の重ね長さは規定以上か。継手箇所が1か所に集中していないか。鉄筋の移動防止のため交点の要所は、焼きなまし鉄線（直径0.8mm以上）や適切なクリップで緊結してあるか確認する。

◎ 鉄筋とコンクリートの付着を害するおそれのあるものを取り除く。組み立てられた鉄筋の浮きサビはワイヤーブラシで落とす。型枠に接するスペーサは、コンクリート製、モルタル製、あるいは本体コンクリートと同等以上の品質を有するものとする。足場板を使い鉄筋に直接乗ることを禁止する。

基礎工

◎ 再生クラッシャラン基礎材（RC-40、RC-30）は製造工場、割栗石は材質（JIS A 5006）、径（200〜300mm程度、厚さは径の1/3〜1/2）を確認する。

② 基礎砂の材質は、材料承諾されていない土取場の砂が使用されていないか、土取場での採土方法、納入能力を確認する。

◎ 基礎の地耐力を確認する。

地耐力	布基礎	ベタ基礎	杭基礎
30kN/m² 以上	○	○	○
20kN/m² 以上、30kN/m² 未満	×	○	○
20kN/m² 以上	×	×	○

◎ コンクリート杭は、同規格の杭ごとに集積して保管する。丸太基礎杭は施工時に皮剥ぎして使用する。

◎ 杭吊り込み作業時は、杭芯をトランシット、下げ振りなどで確認しながら打ち込み、関係者以外は作業半径内に立ち入らない。

◎ 杭の打ち止め予定の2m程度上部からリバウンドを記録し、打ち止めはレベルで確認する。

◎ コンクリート杭は、大きな衝撃や偏打ちをすると頭部が壊れることがあるので注意する。

◎ 鋼管杭を接続して打ち込む場合、杭の溶接部はゴミ、水気などを清掃するとともに感電防止に注意する。

◎ 打ち込み済みの鋼管杭は、転落防止用の上蓋キャップを確認のこと。

4.1　施工管理の基本原則

舗装工
◎ 路床ができたら、プルーフローリングで地盤の支持力試験には必ず立会し、湧水箇所は湧水処理工事を行ってから土の入れ替えを行う。締固め状況も確認する。 ◎ 路盤は砕石の産地（承諾工場）を確認する。転圧後、締固め状況については密度管理で確認し、軟弱箇所は是正させる。 ◎ アスファルトは打設量と面積を早めに確認して、プラントの供給能力も確認する。 ◎ アスファルト打設時は気象状況を確認後に施工を指示する。アスファルト圧密度は針入度によって確認する。

（4）出来形管理

　出来形管理は、**監督職員**が仕様書に定められた様式により**施工結果の記録を検査**します。現場代理人は、構造物の形状、寸法、基準高、中心線のズレなどが**設計条件を満足する状態**にあるかを、施工段階で**直接測定や撮影記録によって管理**します。

1）直接測定による出来形管理

　管理基準値は施工管理の目安です。工種により「測定項目」「測定箇所」「頻度」「測定基準」が決められており、設計値と実測値が対比できるようにします。管理基準値に対するバラツキ度合い（許容誤差）をいいます。例えば、レディーミクストコンクリート（JIS A 5308:2009）の品質検査方法は決められていて、コンクリートの種類により「強度」「スランプ」「空気量」「塩化物含有量」の管理基準値が定められています。

　規格値とは、ある工種における測定項目（幅とか厚さ）に対する、工事目的物の内容が所定の機能、品質、水準を保持することを保証するために定められた基準です。多くは±としてその上（下）限を割らなければ、品質や後続の施工、または関係する構造に悪影響を与えないものと許容とされる範囲のことです。

　現場代理人が、**管理基準と規格値の違いを理解していない**と多くの問題が発生することが懸念されます。監督職員は**施工管理が不適切**であるか判断します。重要な点は以下のとおりです。**建設会社**は、**施工計画書の作成段階**で、**現場代理人を指導しておく必要**があります。

第4章　施工管理体制　施工管理体制の強化で施工不良を防ぐ

管理基準と規格値

◎ 設計図書に示されている管理基準値に対して規格値を満足しない箇所を発見したとき、原因をはっきりさせて直ちに改善を図ります。
◎ 現場をよく知らない技術者は、独自の厳しい規格値や多めの規格値を設定させています。しかし、規格値は「＋」ならいくらでもよいとはいえません。実際の施工では、作業に適した工法を選定し、後作業に配慮することが大切です。丁張の設置間隔は適切に行い、多ければよいというのは間違った考え方です。全体の施工管理から規格値を判断すべきです。

2）撮影記録による出来形管理

　撮影記録による出来形管理（段階確認を含む）は、工事完成後、外面から確認できない部分の出来形を確認することであり、撮影記録は検査時の重要な資料となります。また、施工段階での設計図書に示された施工方法、設計図書等と不一致な部分、設計書や施工計画書に記載された施工機械の機種、仮設工法、安全管理等の状況も写真により、誰でもが確認できるように管理します。風景写真を撮るのではありません。撮影記録は、黒板に出来形管理の所要事項を表示し、後日第三者でも理解できるように撮影します。したがって、主活動において、**撮影記録の手法**、**管理方法**、**撮影の位置**、**回数などを**、**発注者（監督職員）**と**工事着工前に十分打合せ**して、記録漏れのないようにしておきます。

工事写真の撮り方

◎ 不可視部分は寸法（杭類などは全本数に「施工個所番号」「長さ」を記入）を明示させます。工事完成後、掘り返して測定し直さないため、黒板の文字には注意し、寸法が判別できるように撮影します。工事写真は施工順序がわかるように整理します。
◎ 背景に余分なものが入らないように注意しますが、ほかの構造物との関係などを明確にします。写真撮影箇所は後日、写真で出来形寸法が証明できるように、管理基準値の「測定項目」「測定箇所」「頻度」「測定基準」と同一に撮影します。
◎ 大雨の前日には雨と出水に弱い箇所を重点的に撮影します。任意仮設でも主なものは写真を撮っておきます。

　作業場巡視や指導・監督現場から帰ったら、管理状況を日報に記入し、管理の必要事項を上司に報告します。設計変更、周辺対策などの「**重要な案件**」や、作業場巡視や指導・監督現場で「**判断に苦慮した事項**」は、すぐに上司（**営業所ごとに専任の技術者**）に報告し指示を受けます。上司は問題点を整理し**元請人の処理方針に従い**、設計条件と変ったと判断した場合、**法や仕様書に従い**、現場代理人に指示し、処理します。

4.1.3 工事検査対策の原則

建築工事の検査は、主に3段階に分類できます。

① 着工前審査

最初の「着工前審査」では、設計図が法的な問題ないかなどをチェックするだけです。集合住宅を建設する際は、建築基準法など関連の法令に適合しているかどうかをチェックする建築確認検査が行われます。建築確認検査は、行政や民間の指定確認検査機関が行います。

② 中間検査

基礎工事の終了後に「中間検査」が行われます。「セメントの量は適当か」や「固い支持層に杭が達したか」などを工事記録などの書類で確認します（ただし、検査機関や市への提出義務はありません）。工事記録などが偽造されていても、書類のみの検査ですから、真偽の判断はできません。検査は書類が存在するかどうかをチェックするだけです。ここで不正があれば大きなリスクが潜在化します。

③ 完了検査

最後に打設工事を含む建築工事が正しく終わったかを調べる「完了検査」があります。しかし、建築物が完成してしまうと、杭が強固な地盤である支持層まで打ち込んであるかなど、建築基準法違反となる瑕疵（かし）を見抜くのは、詳細な調査を実施しないかぎり、事実上無理と言えます。

工事実施状況の検査では、施工計画書などの書類により、監督職員との所定の手続きを経て、出来形管理を実施したか検査します。検査職員の指示に迅速に対応できるように事前に準備しておきます。検査職員による検査項目は次のとおりです。**支援活動**では、**現場代理人の主活動である管理状況**を、**検査前に確認**しますが、**着工の段階**で**現場代理人**を**指導**しておく必要があります。

① 必要書類の確認

 ・契約図書（契約書、契約図面、仕様書などの設計図書）

 ・工事打合せ簿（共通仕様書参考1（土木工事、建築工事等の共通仕様書における「指示・承諾・協議・提出・報告」）に記載のあるもののうち、該当するもの）

 ・工事の内容がわかる施工計画書、安全、工程、品質にかかわる施工管理関係の書類

 ・出来形、出来高が判断できる施工段階確認記録など

第 4 章　施工管理体制　施工管理体制の強化で施工不良を防ぐ

　・工事完成図書（電子媒体（CD-R）2 部、出力 1 部）

② 工事写真の整理

　　施工後に見えなくなる部分の写真はあるか、指定仮設などの出来高と関係
するので写真は仕様や撮影意図がわかるように撮ってあるか、撮影対象と契
約図書との相違はないか、安全な施工といえるかなど、もう一度よく整理し
ます。

③ 測定器具等の準備

　　工事測量の検査は、基準点（基準点・仮 B.M、センター杭（三角点）、測点）
を事前に確認し、控杭や丁張は早めに確認できるようにしておきます。

④ 検査職員が指定する管理断面の出来形検査

4.2　現場代理人の配置と役割

　現場代理人とは、発注者との建設工事の請負契約において、受注者である**請負人**（法人の場合は代表権を有する取締役、個人の場合は事業主）**に代わって契約の法律行為を行使する権限を授与された者**です。

　建設事業において**施工計画をコントロール**するには、**現場代理人がきちんと役割を果たさなくてはなりません**。基本的には、**建設会社の内部統制下にある施工体制のもと、施工現場で各工種を「ホウ・レン・ソウ」により管理**します。元請人、一次下請人、二次下請人などの独立した多くの企業からなる建設生産システムに、そのまま製造業のバリューチェーン・マネジメントを適用することは難しいと言えます。**現場代理人**は、**目標とする粗利益の達成**に向けて、**施工管理体制を確立し**、**管理手法を関係者全員に浸透**させて、**作業者の望ましい施工能力を引き出す**マネジメント・コントロールを行います。

　現場代理人の役割は、**建設会社の各部門との「ホウ・レン・ソウ」に基づいた施工管理を実施**することです。個々の**工事工程の進行**と**発生する費用**（発生原価）に対し、**予算原価の数値**（金額）**で評価**します。**施工管理**は当初見込まれた**予算原価と粗利益の結果から、施工内容の改善を図ること**ですから、**現場代理人は正社員**でなければなりません。施工に従事する関係者は、法令遵守とコンプライアンスに従って、**施工計画で構築された品質管理システムと会計情報システムを擁する施工体制で工事**を進めます。結果、受注した工事で目的とする**粗利益を確保**できます。元請人の建設会社は、これら多くの現場の品質管理システムや会計情報システムを集合して、さらに間接部門サービスとして施工現場を指導することです。

　建設業のバリューチェーン・マネジメント活動とは、主活動、支援活動を全体的に**常に会計数値で押さえて、企業利益を確保**するとともに、発注者からも、品質、工程や安全確保において信頼を得るよう**差別化を図る**ことです。ここでは、現場代理人などの資格要件や職務、事務手続きなどについて具体的に説明します。

第4章　施工管理体制　施工管理体制の強化で施工不良を防ぐ

（1）現場代理人に求められる要件

1）直接的かつ恒常的な雇用関係

　現場代理人となるために、国家資格（資格要件）などの**特別な資格を要する必要はありません**。ここは民法における、代理人の行為能力に関する規定（民法第102条　代理人は、行為能力者であることを要しない）と通じているものと思われます（また、建設業法上、その設置を義務づけられてもいません）。しかしながら、請負人と**直接的かつ恒常的な雇用関係**があることが必要です。つまり**正社員であることが、現場代理人になるための資格**だといえます。

　なお、「**直接的かつ恒常的な雇用関係**」とは、**入札の申込みのあった日以前に3か月以上の雇用関係**があることとされています。また、「入札の申込みのあった日」とは、**一般競争入札**の場合は**入札参加資格確認申請日**、指名競争入札の場合は**入札の執行日**とされています。

　直接的な雇用関係については、監理技術者資格者証、または以下の健康保険被保険者証または市区町村が作成する住民税特別徴収税額通知書などによって建設業者との雇用関係が確認できます。**恒常的な雇用関係**については、監理技術者資格者証の交付年月日もしくは変更履歴、または健康保険被保険者証の交付年月日などにより確認できます。

雇用関係を確認するための書類				
確認書類	根拠	所有者	作成者	備考
健康保険被保険者証	健康保険法	技術者本人	都道府県または健康保険組合	5人以上の事業所に使用される者は被保険者です。
健康保険・厚生年金保険被保険者標準報酬決定通知書	健康保険法	建設業者	都道府県または健康保険組合	事業主は使用する被保険者の標準報酬月額を都道府県または健康保険組合に届け出る義務があります。それに対し決定額が通知されています。
住民税特別徴収税額の通知書・変更通知書	地方税法	建設業者	市区町村	給与の支払をする者は、所得税の源泉徴収義務があります。住民税の特別徴収義務者として指定されています。

2）職長資格

　元請人も下請人も、**現場代理人**になるには、**職長資格が必要**です。**職長の役割**は、**現場の安全を管理すること**です。作業者が安全に作業できるようにします。

◎ 適正な作業方法を決め、適正な作業者配置をすること

◎ 作業者の指導や監督をすること

◎ そのほか労働災害を防止すること

　地方の中小建設業者の施工現場では、現場代理人が安全衛生責任者を兼ねることが多いようですから、必ず職長資格を取得しています。ただし、下請人の所長は、作業単位で配置されていますから、注文を受けた工種ごとに職長資格が必要となります。

参　考

安衛法第60条
事業者は、その事業場の業種が政令で定めるものに該当するときは、新たに職務につくこととなった職長その他の作業中の労働者を直接指導又は監督する者（作業主任者を除く。）に対し、次の事項について、厚生労働省令で定めるところにより、安全又は衛生のための教育を行わなければならない。
　1）作業方法の決定及び労働者の配置に関すること。
　2）労働者に対する指導又は監督の方法に関すること。
　3）前2号に掲げるもののほか、労働災害を防止するため必要な事項で、厚生労働省令でさだめるもの。

（職長等の教育）
安衛則第40条
法第60条第3号の厚生労働省令で定める事項は、次のとおりとする。
　1）法第28条の2第1項又は第57条の3第1項及び第2項の危険性又は有害性等の調査及びその結果に基づき講ずる措置に関すること。
　2）異常時等における措置に関すること。
　3）その他現場監督者として行うべき労働災害防止活動に関すること。
2法第60条の安全又は衛生のための教育は、次の表の上欄に掲げる事項について、同表の下欄に掲げる時間以上行わなければならないものとする。

事　　項	時間
法第60条第1号に掲げる事項 　1）作業手順の定め方 　2）労働者の適正な配置の方法	2時間
法第60条第2号に掲げる事項 　1）指導及び教育の方法 　2）作業中における監督及び指示の方法	2.5時間
前項第1号に掲げる事項 　1）危険性又は有害性などの調査の方法 　2）危険性又は有害性などの調査の結果に基づき講ずる措置 　3）設備、作業などの具体的な改善の方法	4時間

前項第2号に掲げる事項 　1）異常時における措置 　2）災害発生時における措置	1.5 時間
前項第3号に掲げる事項（時間2時間） 　1）作業に係る設備及び作業場所の保守管理の方法 　2）労働災害防止についての関心の保持及び労働者の創意工夫 　　を引き出す方法	2 時間

3 事業者は、前項の表の上欄に掲げる事項の全部又は一部について十分な知識及び技能を
有していると認められる者については、当該事項に関する教育を省略することができる。

（2）現場代理人の選任に関する通知

　現場代理人を命ずるということは、請負人の代理人として工事現場の取締り
を行い、**工事の施工に関する一切の事項を処理**させることを意味します。しか
しながら実際には、重要な契約内容の変更、契約の解除など、現場代理人に処
理させるのは適当でないこともあります。一切の事項といいながら実際には例
外もあるというのでは、発注者を混乱させます。悪くすると後に紛争を惹き起
こす原因ともなりかねません。

　そこで上述のとおり、建設業法上その設置を義務づけられてはいないものの、
現場代理人を設置した場合は、**現場代理人に対する授権の内容を明確にする**と
ともに、これを**発注者に書面で通知**しなければなりません。なお、書面通知は
訓示規定ですので、これに違反したとしても、直ちに罰則の適用があるわけで
はありません。

（3）現場代理人の常駐

　現場代理人は、**工事現場に常駐**していなければなりません。「常駐」とは、
当該工事のみを担当しているだけでなく、工事期間中、特別の理由がある場合
を除き、**常時継続的に現場に滞在していることを意味**しています。発注者との
連絡や協議に支障をきたさない状態であることをいいます。

（4）現場代理人の兼務

　現場代理人は常駐を要するわけですから、発注者が認めるなど特別な場合を
除いて、**ほかの工事と重複して現場代理人となることはできません**。営業所に
おける専任技術者が現場代理人になることも、同じ理由からできません。**営業**

所と現場が近接していることなどの場合、**兼任が認められるケース**もあります。

2014（平成26）年2月から、相互に密接（10km以内）し関連する工事など（同一の下請人、同一の資材調達）の場合に、例外的に相互に工程調整が可能であれば、専任性の緩和措置として、現場代理人と主任技術者の重複が認められるようになりました。同一人が2つの現場を兼ねることは可能です（令第27条第2項）。ただし、3つ以上は認められません。また、同一人が現場代理人と監理技術者の両方を2つの現場で兼ねることはできません。

（5）現場代理人の変更

現場代理人の変更は、主任技術者などと兼任でない場合、直接的かつ恒常的な雇用関係など、上述の**現場代理人の資格要件を満たした者**であれば、**事前に届け出る**ことにより変更は認められます。

第 4 章　施工管理体制　施工管理体制の強化で施工不良を防ぐ

4.3　専門技術者の配置と役割

　バリューチェーン・マネジメントの**主活動**では、効率的に施工を行うために**工種ごとに下請人の役割分担が重要**です。**下請人が施工する現場**では、「元請人の縦割り」が強すぎると「**セクショナリズム**（縄張り争い）」が**発生**しやすくなります。「セクショナリズム」が発生してしまうとコミュニケーションが取れなくなり、下請人の工程の前後で協力を得ることが困難になり、**工事の品質・安全確保**や**コスト削減が難しく**なります。

　前工程の下請人の仕事に不備があった場合、後工程の下請人が作業を受けても、つい補修作業は後回しにされがちです。前工程の作業者は自分のミスで多少不具合が発生しても、後工程の下請人が直してくれるだろうと流してしまいます。しかし、後工程の作業者からすれば、その不具合が確認できませんので、差し戻しの直しも行わず工程どおり作業を実施します。このため、施工管理がしっかり実施されず、後に余計な手直しの手間やコストが発生します。

　工事工程は、工種間をバリューチェーンにより、前工程から後工程へと数珠つなぎのごとく、つながって（連鎖して）います。チェーン（鎖）なので、切れてしまえば工事の品質確保は、そこでおしまいです。工程のチェーンをつなぐ役割が専門技術者です。**専門技術者の技術管理**とは、**ハード**（工事工程）**とソフト**（下請人とのコミュニケーションをはじめとする組織風土の醸成）**を結びつけること**です。

　杭打ちデータ偽装問題件の背景には、企業の技術者の配置の不備がありました。具体的に説明しますと、**元請人**は**専門技術者を配置しない**で、**適切な工程管理**や**工種間のコミュケーション**の**義務を果たしていません**でした。

4.3.1　特定建設業と指定建設業の許可条件

　建設業法では、適正な施工を行うために、**工事、金額要件に応じて営業所**や実際の**施工現場**に**一定の資格・経験を有する技術者を専任配置**し、**施工状況の管理・監督**をすることが求められます。

（1）特定建設業と一般建設業の判断

　特定建設業か**一般建設業**かの判断は、**元請として下請に発注する金額**によっ

4.3 専門技術者の配置と役割

て決まります。**請負額による制限を受けません**。また、この許可条件は、元請業者に対してのみ求めているもので、一次下請負以下として契約されている建設業者については、特定、一般の発注額の制限はありません。2016（平成 28）年 6 月 1 日、特定建設業の許可条件と施工現場の監理技術者の配置が必要となる下請契約の金額が、建築一式工事以外の**土木工事**は 3,000 万円から **4,000万円**、**建築一式工事**は 4,500 万円から **6,000 万円**に引き上げられました。前回の建設業法改正から 20 年以上が経過し、この期間に物価変動や消費増税などを踏まえて見直されました。下請契約の金額要件の見直しは、長年にわたる建設投資の減少や競争の激化による経営環境の悪化、中長期的な若年入職者の減少などによる建設工事の担い手不足への懸念も背景にありました。社会経済情勢の変化に応じて規制を合理化し、技術者の効率的な配置を図ることが目的です。**建設事業者**は**総合的かつ専門性**のある**活動が求められ**てきています。

(2) 指定建設業（7 業種）の資格条件

業種一覧で**総合的な施工技術**を要する**指定 7 業種**、**土木工事業**、**建築工事業**、**電気工事業**、**管工事業**、**鋼構造物工事業**、**ほ装工事業**、**造園工事業**について、**特定建設業**の許可を受けようとするときは、**専任技術者の資格条件**は**実務経験では認められません**。一定の**国家資格**（1 級建築施工管理技士、1 級土木施工管理技士などの資格）を所持するか、大臣特別認定者でなくてはなりません。しかし、大臣特別認定者は現在、新規に認定されていません。したがって、**社会的責任が大きい指定建設業の許可**を受けるためには、専任技術者が**国家資格を取得している必要**があります。

建設業 29 業種	
区　分	業　種
指定建設業（7 業種）	土木工事業、建築工事業、電気工事業、管工事業、鋼構造物工事業、ほ装工事業、造園工事業
その他（上記以外の 22 業種）	大工工事業、左官工事業、とび・土工・コンクリート工事業、石工事業、屋根工事業、タイル・れんが・ブロック工事業、鉄筋工事業、しゅんせつ工事業、板金工事業、ガラス工事業、塗装工事業、防水工事業、内装仕上工事業、機械器具設置工事業、熱絶縁工事業、電気通信工事業、さく井工事業、建具工事業、水道施設工事業、消防施設工事業、清掃施設工事業、解体工事業

第4章 施工管理体制 施工管理体制の強化で施工不良を防ぐ

4.3.2 施工現場に必要な専門技術者の配置とは

（1）専門技術者の専任配置条件

専門技術者とは、**主任技術者**や**監理技術者**を指します。専任の専門技術者は、施工現場において、バリューチェーン・マネジメントの主活動を担います。

国土交通省は建設業法に基づく技術者配置の請負金額要件を引き上げることを決めました。2016（平成 28）年 2 月 29 日に施行令（政令）の改正案を公表し、1 か月の意見募集を経て、**施行令を改正**、同年 6 月 1 日から施行されました。公共工事など公共性の高い建設工事では、**主任技術者や監理技術者の専任配置条件**の必要な工事の規模を、現行の**請負代金額 2,500 万円（建築一式 5,000 万円）以上から 3,500 万円（建築一式 7,000 万円）以上**に引き上げられました。

技術者の専任配置条件

◎ 請け負った建設工事を施工する場合、**特定、一般の許可区分、請負金額の大小、元請・下請にかかわらず**、必ず工事現場に施工上の工程管理、品質管理、安全管理がスムーズに実施できる**必要な資格や技術のある主任技術者を適正に配置しなければなりません。**

◎ **公共性のある施設・工作物**や**多数の者が利用する施設・工作物**に関する建設工事を実施するには、**請負代金額 3,500 万円（建築一式 7,000 万円）以上**には、必ず工事現場ごとに資格を有する専任の主任技術者、監理技術者を配置しなければなりません。
ただし、特定建設業が下請契約で工事に参加するならば、3,500 万円（建築一式 7,000 万円）以上でも主任技術者となります。
※ 公共性のある工作物に関する建設工事
① 国または地方公共団体が発注者である工作物に関する工事
② 鉄道、道路、河川、飛行場、港湾施設、上下水道、電気施設、学校、福祉施設、図書館、美術館、教会、病院、百貨店、ホテル、共同住宅、ごみ処理施設など（個人住宅を除くほとんどの施設・工作物の工事が対象）の建設工事

（2）主任技術者および監理技術者の配置条件と必要資格

土木工事業や建築工事業の業者（元請人）は、土木一式工事（杭打ちなどの専門工事も含まれている）または建築一式工事を施工する場合、**専門技術者**（主任技術者）**を下請契約に応じて配置**しなければなりません。**下請契約の請負代金額による配置技術者**も、これと同様の引き上げを行うことになりました。また、発注者が国や地方公共団体などの場合、工事現場に専任の監理技術者を置かなければなりません。

4.3　専門技術者の配置と役割

工事現場に配置する専門技術者の下請金額による条件

◎ 建設業者（元請人）は、発注者から直接工事を請負う金額のうち、**下請金額が 4,000 万円（建築一式工事 6,000 万円）未満**の公共工事には、**主任技術者（1、2 級国家資格者、実務経験者、登録基幹技能者講習修了者）を配置**することになります。下請金額が 4,000 万円（建築一式工事 6,000 万円）以上の公共工事には、**監理技術者（1 級国家資格者、実務経験者）を配置**することになります。
◎ 設計変更などで**下請金額が 4,000 万円（建築一式工事 6,000 万円）以上になる**と、その時点で主任技術者に代えて、**監理技術者に変更する必要性**が生じます。また、**特定建設業の許可**を受けていなければなりなりません。

発注者が国や地方公共団体などの公共工事（指定建設業）の専任の監理技術者の条件

◎ **発注者が国や地方公共団体などの公共工事**で、**指定建設業 7 業種**（前述済み）が請け負う工事の場合、工事現場に**専任の監理技術者を置かなければなりません**。
◎ **専任の監理技術者**は、1 級の技術検定合格者など**一定の国家資格者**（建設大臣認定者を含む）である以外に、**監理技術者資格者証の交付**を受け、過去 5 年以内に監理技術者講習を受講したことを示す「**監理技術者講習修了証（登録機関が発行）」を有する者**でなければなりません。

（3）専門技術者の配置に対する考え方

　地方の元請人は、杭打ち工事の許可を受けた建設業者に、住宅建設工事に付帯するほかの建設工事（いわゆる付帯工事）とすることで施工できます。以下にまとめたように元請人が自ら施工しない場合でも、当該付帯工事（軽微な工事は除く）に係る建設業の許可を受けた建設業者に当該工事（例えば杭打ち工事）の専門技術者を配置させなければなりません。ただし、後述しますが、**発注者、元請人**は、**専門技術者の配置条件と雇用関係の確認**が必要です。

　このため、土木一式工事または建築一式工事を受注して、その中で併せて杭打ちの専門工事も施工するには、次の技術管理者を配置します。

専門技術者の配置

◎ **元請人が一式工事で受注**し、**配置した主任技術者または監理技術者**が、とび・土木工事業の専門工事についての**専門技術者の資格も持っている**場合、その者が専門技術者を**兼ねることができます**。
◎ **元請人の会社**の中で、一式工事の主任技術者または監理技術者とは別に、**専門工事について専門技術者の資格を持っている**場合、その者を**専門技術者として配置できます**。
◎ **下請人（一次下請）**が、とび・土木工事業の専門工事について建設業の許可を受けている場合、**専門工事業者として配置**できます。

4

施工管理体制　施工管理体制の強化で施工不良を防ぐ

111

第4章　施工管理体制　施工管理体制の強化で施工不良を防ぐ

（4）専任の専門技術者の配置期間

　主任技術者や監理技術者を専任で配置すべき期間とは、元請工事では、基本的には**契約工期**とされます。しかし、降雪などで**工事現場が不稼働**であることが明確な期間や、設備などを工場で製作している期間は、**必ずしも工事現場に専任する必要はありません**。ただし、いずれの場合も、発注者と建設業者に間で設計図書や打合わせ記録簿などにより、専任を要さない期間が明確になっていることが必要です。

（5）同一の専門技術者が二以上の工事を兼任できる場合

　公共性のある工作物に関する重要な工事のうち、**密接な関連のある二以上の工事を同一の請負人**が**同一の場所**または**近接した場所**において施工する場合は、**一つの工事**と見なして、**同一の専任の主任技術者**がこの**二以上の工事を管理する**ことができます。近接した場所とは、工事現場相互の間隔が 10km 程度以下とされていますが、5km 以下としている自治体もあります。

　ただし、この規定は**専任の監理技術者**には**適用されません**。専任の監理技術者は統合的な管理を行う必要があるからです。しかし、①**契約工期が重複する複数の請負契約に係る工事**であること、②それぞれの工事の対象となる**工作物などに一体性**が認められるもの（**当初の以外の請負契約が随意契約により締結される場合に限ります**）であり、**発注者**が、①業者が設置する監理技術者が**全体の工事を掌握**している、②経費上ではなく**技術上、同一の監理技術者が管理を行うことが合理的**である、と考えたならば、同一の監理技術者が複数工事を一の工事と見なして管理することができます。

　一の工事と見なすには、下請金額と請負金額を次のように判断します。

二以上の工事を一の工事と見なされる場合に配置される専門技術者

A 杭打設工事	B 杭打設工事	A と B を一つの工事として見なす
請負金額 3,000 万円 < 3,500 万円 下請負金額 2,500 万円 < 4,000 万円	請負金額 2,500 万円 < 3,500 万円 下請負金額 2,000 万円 < 4,000 万円	合計請負金額＝ 3,000 万円＋ 2,500 万円 ＝ 5,500 万円 **> 3,500 万円** 合計下請負金額＝ 2,500 万円＋ 2,000 万円＝ 4,500 万円 **> 4,000 万円**
専任の主任技術者	専任の主任技術者	専任の監理技術者

4.3 専門技術者の配置と役割

A建築工事	B建築工事	AとBを一つの工事として見なす
請負金額 5,000 万円 ＜ 7,000 万円 下請負金額 4,500 万円 ＜ 6,000 万円	請負金額 3,500 万円 ＜ 7,000 万円 下請負金額 2,500 万円 ＜ 6,000 万円	合計請負金額＝ 5,000 万円＋ 3,500 万円 ＝ 8,500 万円＞ **7,000 万円** 合計下請負金額＝ 4,500 万円＋ 2,500 万円＝ 7,000 万円＞ **6,000 万円**
専任の主任技術者	専任の主任技術者	専任の監理技術者

◎ 複数工事に係る請負代金の額の合計が **3,500 万円（建築一式工事は 7,000 万円）以上**となる場合、**監理技術者**などはこれらの工事現場に専任の者でなければなりません。

◎ 発注者から直接工事を請け負った元請人は、これら複数工事に係る下請金額の合計が **4,000 万円（建築一式工事の場合は 6,000 万円）以上**となる場合は、工事現場には主任技術者に代えて**監理技術者**を設置しなければなりません。

（6）派遣された主任技術者または監理技術者も雇用関係のチェックが必要

　現場代理人の項（詳しくは、「4.2（1）現場代理人に求められる要件」参照）でも説明しましたが、**主任技術者または監理技術者**についても、現場代理人の資格要件と同じで、工事を請け負った企業との**直接的かつ恒常的な雇用関係が必要**とされています。したがって、下請人の主任技術者が、直接的な雇用関係を有しない在籍出向者や派遣社員だったり、工事期間のみの短期雇用であったりすることは認められません。

　特に**国、地方公共団体などが発注する公共工事**において、発注者から直接請け負う建設業者の**専任の監理技術者**などについては、建設業者から**入札の申込みのあった日（指名競争**で入札の申込みを伴わない場合は**入札執行日、随意契約**の場合は**見積書提出日）以前から、3 か月以上の雇用関係**にあることが必要です。

第4章　施工管理体制　施工管理体制の強化で施工不良を防ぐ

4.4　施工計画書による技術管理

　建設業では一品生産であることから、同一の工事はありません。しかし、構造物の安全性と工事におけるコスト最適化の観点から、工事の標準化が進んでいます。したがって、いったん工程や施工の不具合が発見されると、大規模な補修につながる施工リスクも高まることが懸念されます。

　このような状況を招かないため、バリューチェーン全体の充実を図ります。**主活動**の安全管理、工程管理、品質管理、原価管理、そのほかの技術上の管理において、**作業者（Man）**、**設備・重機（Machine）**、**資材・材料（Material）**、**予算原価（Money）**という「**生産の4M**」を**施工に従事する者**に対し「**見える化**」します。そして、技術上の指導監督の職務を確実に**実施するためには**、現場だけでなく建設会社ともその内容を「**共有化**」しなければなりません。**支援活動**においては、その**内容**を組織全体で「**共有化**」します。**生産の4Mを明確した施工計画**を立て実施できれば、企業の差別化を推進する**経営戦略上の重要な課題**は**解決される**ことになるでしょう。施工の効率化と品質の向上を図り、安全に工事を進めることで、**適切な利益と信頼を得る**ことができます。それには関係者に**施工計画を周知徹底**することが重要です。

　ここでは具体的な施工計画書の作成について説明します。

（1）施工体制

　元請人は、設計図書で要求された品質を満たすことが重要です。施工体制の確立にあたり、バリューチェーン・マネジメントの主活動を担う元請の現場代理人、技術管理者、安全管理者の**役割・責任を明確**にします。そのうえで、施工指針に則った**使用材料**、**工程管理プロセス**、**施工精度**をはじめ、**安全管理の方法**、**施工の出来形**、**出来高の各項目を確認する担当者**、**品質確認方法**および**必要な記録**を施工計画書に明記し、施工管理に活用します。

（2）工程管理

　元請現場代理人は、**予算原価に基づいて**着手から完了（検査を含む）するまでの**必要日数や次工程への引き渡し日を設定**し、建設会社とともに**原価管理を実施**します。あらかじめ計画段階で**監督職員**と品質管理項目ごとに**協議し**、**実**

施工程表に明示しておきます。

（3）品質管理

品質管理とは、元請現場代理人が施工計画に基づき、**現地での立会い確認**や**施工記録の確認**を行うことです。**主活動では、施工順序や出来形の施工精度を確認**します。**支援活動**では、工事内容（規模など）に応じた品質を確保するための**効果的な検査ロットや検査頻度、検査の抽出方法を計画**しておきます。

品質管理における総合的な責任は元請が負います。品質管理の役割分担は、**元請人の品質管理担当者**が「**確認責任**」を負い、**施工会社**が明確な技術的基準で出来形・出来高の「**判断責任**」を負います。施工中に**トラブルが発生**した場合は、**元請人の現場代理人**は、直ちに**監督職員に報告**し、その対策を**建設企業と協議し指示に従い**ます。

（4）その他、元請現場代理人の管理・指導監督

災害や事故が発生した場合、適切な管理体制をとれるようにします。

工事現場で**環境問題が発生**したり、**住民の苦情を受け**たりした場合、直ちに報告するとともに**適切な処置が行えるよう**、関係する下請人を**指導**します。

類似工法における**過去の不具合の情報を工事管理者と共有**します。そして再発防止に向けた具体的な対策を**指導**し、実施状況を**フォロー**します。

（5）施工計画の周知徹底

元請人は、着工前、下請人の工事管理者に対して通常の安全教育に加えて、以下の**リスク管理事項を周知**し、**再認識させる教育を実施**します。

◎ **元請人、下請人、作業者**それぞれの**リスク、役割、責任**について

◎ 定められた手順どおりに施工しなかった場合に発生する**不具合**と**後工程に与える影響**について

◎ **予期せぬ施工上のトラブルや変更**があった場合、下請人の自らの判断で進めることなく、**元請人に報告し指示を受ける**こと

◎ 施工記録が紛失・消失した場合の**データの保護の必要性**について（施工管理記録の改変等の禁止、契約上の意義など）

第4章　施工管理体制　施工管理体制の強化で施工不良を防ぐ

4.5　施工体制台帳と施工体系図

　バリューチェーン・マネジメントでは、内部分析のため、競合する他社との比較で自社の強みと弱みを把握することとしています。**建設事業の内部分析**は、**自社の優位性を生かす方向**や**施工上の克服すべき課題を発見**することです。内部分析に役立つのが、**施工計画書**と**施工体制台帳**です。技術管理者や現場代理人は、**施工計画書と施工体制台帳**から、請負金額を工種ごとに分解し、**どの工種で利益が生み出されているかを分析**することで、**予算原価を構築したり改善したりします。**

　2015（平成27）年4月1日施行の改正公共工事入札契約適正化法（入契法）で、**施工体制台帳の作成義務**について、**公共工事での下請金額の下限が撤廃**されました。下請契約を締結するすべての公共工事で施工体制台帳の作成・提出を義務づけています。

4.5.1　施工体制台帳と施工体系図の内容

（1）施工体制台帳

　施工体制台帳は、下請、孫請など施工を請け負う**すべての業者名、各業者の施工範囲、各業者の技術者氏名、登録基幹技能者名・種類、健康保険の加入状況、外国人建設就労者・実習生の有無などを記載した台帳**をいいます。

　施工体制台帳には、請け負った建設工事に関する事項、建設業の許可に関する事項、下請負人に関する事項などを記載しなければなりません。

　施工体制台帳などに**記載すべき下請負人の範囲**は、「建設工事の請負」契約における**すべての下請負人**（無許可業者を含む）を指しますので、一次下請だけでなく二次下請、三次下請なども記載の対象になります。建設工事の請負契約に該当しない資材納入や調査業務、運搬業務などにかかる下請負人などについては、建設業法上は記載の必要はありませんが、発注者が仕様書などにより記載を求めているときには、記載が必要となる場合もあります。

　また、施工体制台帳の記載内容を証明する以下の**資料を添付**する必要があります。

4.5 施工体制台帳と施工体系図

施工体制台帳の記載内容と添付資料	
記載内容	施工体制台帳の添付書類
① 工事内容と建設業の許可	
② 配置技術者の氏名と資格　主任技術者、監理技術者（専門技術者）関係	◎ 主任技術者、監理技術者が**監理技術者資格を有することを証する書面**（公共工事：監理技術者資格者証写） ◎ 主任技術者、監理技術者が所属建設業者と**直接的かつ恒常的な雇用関係にあることを証明するものの写し**（健康保険証などの写し） ◎ **専門技術者（置いた場合に限る）の資格や雇用関係を証する書面**
③ 請負契約関係　発注者との請負契約書	◎ 特定建設業者が請け負った建設工事の**契約書の写し**
下請契約書	◎ 一次下請との契約書の写し、二次下請以下の下請負人が締結したすべての**請負契約書の写し**

（2）施工体系図

　施工体系図は、作成された施工体制台帳に基づいて、**各下請負人の施工分担関係が一目でわかるようにした図**のことです。施工体系図は**工事の期間中**、工事現場の**工事関係者が見やすい場所**や**公衆の見やすい場所**に**掲示**しなければなりません。施工体系図によって、工事に携わる**関係者全員の工事における施工分担**を把握することができます。したがって、工事の進行によって**下請業者に変更があった場合**は、すみやかに**施工体系図の表示の変更**をしなければなりません。施工体系図は**常に新しい施工体制**を表示していなければなりません。

4.5.2　施工体制台帳と施工体系図の作成手順

（1）請負契約

　発注者と元請人が請負契約書を相互に交付します。また、**元請人と下請人**、再下請負する場合は**下請人同士**、**請負契約書を相互に交付**します。元請人は事前に**「法に違反する契約はしない」**ことを明らかにし、下請人の請負契約書内容をチェックします。

（2）施工体制台帳・施工体系図の作成

　元請である特定建設業者は、施工体制台帳を作成しなければなりません。元

第4章　施工管理体制　施工管理体制の強化で施工不良を防ぐ

請人は遅滞なく、一次下請負人に対し**施工体制台帳等作成工事である旨**、**再下請負を行う場合は再下請負通知書が必要な旨**を通知します。併せて、元請人は工事に関係するすべての建設業者に対し、現場内の見えやすい場所に**再下請負通知が必要な旨を掲示**します。

　一次下請負人は、特定建設業者に対し、**再下請負通知書**（**添付書類**である請

再下請負に関する通知例

下請負人となった皆様へ
　今回、下請負人として貴社に施工を分担していただく建設工事については、建設業法（昭和24年法律第100号）第24条の7第1項により、施工体制台帳を作成しなければならないこととなっています。
　この建設工事の下請負人（貴社）は、その請け負った建設工事を他の建設業を営む者（建設業の許可を受けていない者を含みます。）に請け負わせたときは、建設業法第24条の7第2項の規定により、遅滞なく、建設業法施行規則（昭和24年建設省令第14号）第14条の4に規定する再下請負通知書を当社あてに次の場所まで提出しなければなりません。また、一度通知いただいた事項や書類に変更が生じたときも、遅滞なく、変更の年月日を付記して同様の通知書を提出しなければなりません。
　貴社が工事を請け負わせた建設業を営む者に対しても、この書面を複写し交付して、「もしさらに他の者に工事を請け負わせたときは、作成特定建設業者に対する再下請負通知書の提出と、その者に対するこの書面の写しの交付が必要である」旨を伝えなければなりません。

○○建設（株）
工事現場内建設事務所 / △△営業所

再下請負に関する掲示例

　本建設工事の下請負人となり、その請け負った建設工事を他の建設業を営む者に請け負わせた方は、遅滞なく、工事現場内建設事務所 / △△営業所まで、建設業法施行規則（昭和24年建設省令第14号）第14条の4に規定する再下請負通知書を提出してください。一度通知した事項や書類に変更が生じたときも変更の年月日を付記して同様の書類を提出してください。

○○建設（株）

負契約書の写しを含む）を元請人に**提出**するとともに、**二次以下の下請負人**にも**施工体制台帳作成工事である旨を通知**します。**再下請通知書**にも**登録基幹技能者名・種類を記載**します。特定建設業者である元請人は、一次下請負人から提出された**再下請負通知書**、または**自ら把握した情報**により**施工体制台帳**と**施工体系図を作成**します。

（3）施工体制台帳・施工体系図の提出・掲示

　施工体制台帳は、公共工事と民間工事を問わず作成し、請け負った建設工事の**目的物を発注者に引き渡すまでの期間、工事現場ごとに保管**する必要があります。さらに、入札契約適正化法の規定により、**公共工事**においては**施工体制台帳の写しを発注者に提出**しなければなりません。

　施工体系図は、**工事関係者の見やすい場所に掲示**する必要があります。さらに**公共工事**においては、それに加え**公衆の見やすい場所に掲示**しなければなりません。

（4）施工体制台帳・施工体系図の保管

　施工体制台帳は、帳簿の添付資料として、**工事完了後 5 年間は保管**が義務づけられています。**施工体系図**は、営業に関する図書として、**工事完了後 10 年間**は**保管**が義務づけられています。

4.5.3　施工体制台帳と施工体系図の重要性

　以前の建設業法では、特定建設業者が元請人となり、発注者から直接請け負った建設工事を施工するとき提出していました。しかし、上述したように、**施工体制台帳や施工体系図は請負金額にかかわらず必ず作成**しなければならなくなりました。作成された施工体制台帳は、工事現場ごとに備え置き、施工体系図は工事現場の見やすい場所に掲げることになっています。発注者は、施工体制台帳や施工体系図の内容を確認します。

（1）施工体制台帳は内容を確認することが必要

　発注者や元請人は、**工事期間、下請負契約金額と主任技術者の専任・非専任の関係、外国人建設就労者・実習生従事状況の有無、登録基幹技能者名・種類、健康保険加入の有無と事業所整理記号**などの内容を**確認**することが必要です。

（2）提出しただけで活用しなければ、何のための施工体制台帳なのか

　施工体制台帳の作成は、**元請人**が現場の**施工体制を把握する**ことが**目的**です。データの偽装はじめとする品質・工程・安全など**施工上のトラブルの原因**は、**施工計画書の未確認**によるものです。施工体制台帳を活用することで、技術者の配置の不備、一括下請負といった建設業法違反を行う不良不適格業者の参入

第4章　施工管理体制　施工管理体制の強化で施工不良を防ぐ

を防ぎます。

（3）下請人の労働保険と社会保険を施工体制台帳で確認する

　ここでは、労働保険と社会保険の加入要件について少し、詳しく説明します。前述したように建設業の保険は、労働保険（雇用保険、労災保険）と社会保険（医療保険、年金保険）に分けられます。

　建設業などで数次の請負によって事業（工事）が行われている場合には、**元請けが一括して労災保険に加入**します。ただし、常用労働者が**法人の役員、個人事業主などに対しての労災保険の負担はありません**。したがって、取引先や受注先の**元請人**は下請人に対し、**施工体制台帳**、**作業員名簿**をみて、以下の**労災保険への特別加入**の**条件を要求**します。

1）雇用保険

　①**雇用保険の強制適用**となる者は、雇用保険の被保険者となる施工現場で働く「**常用労働者**」と「**日雇労働者**」です。ただし、日々雇い入れる労働者のうち、**日雇雇用保険に加入**している場合は、**被保険者**自らがその旨を**届け出る必要**があります。

　②雇用保険の強制適用で除外されるのは、「個人事業主」「法人の代表者・役員」「1週間の所定労働時間が20時間未満である者」「31日以上継続して雇用される見込みがない者」「大学や専修学校の学生・生徒等」です。

2）医療保険と厚生年金保険

　①**医療保険と厚生年金保険の強制適用**となる者は、**施工体制台帳で「事業所の形態」を確認**します。「**法人事業所**もしくは**常時使用される者が5人以上の個人事業主**」は、医療保険と厚生年金保険の強制適用となります。強制適用となる者は、協会けんぽ、健康保険組合等、厚生年金保険の被保険者となります。

　②**医療保険と厚生年金保険の強制適用除外の事業所**は、「**常時使用される者が5人未満（1～4人）の個人事業所**で、**協会けんぽ等の適用していない事業所**」です。医療保険の強性適用事業所で働く労働者でも、「**個人事業主**とその**家族従業員**」「常用労働者以外の**短時間労働者**」「**季節労働者等**」は、**強制適用除外**となり国民健康保険、国民健康保険組合の医療保険と国民年金に個人で加入しています。

3）特別加入制度による労災保険

　上記、2）の②の建設事業の携わる業務の実態が、**常用労働者と同様の危険性がある**「個人事業主」「法人の役員」「個人事業主・法人の家族従事者」などは、**特別加入制度による労災保険に加入**しなければなりません。詳細は「2.3.3 人材資源管理」にまとめてあります。参照してください。

第4章　施工管理体制　施工管理体制の強化で施工不良を防ぐ

4.6　一括下請負の防止

　建設業者は、請負った工事をいかなる理由があっても、一括して他人に請負わせてはなりません。また、建設業者は、一括して他人から請負ってもいけません。建設業法では、このような工事の丸投げを**一括下請負**と呼び、**原則として禁止**しています。下請負間でも一括請負は禁止されております。

　建設事業の発注者は、建設業を営む数多くの業者の中から、施工技術、資力、信用などを慎重に考慮して入札条件を検討し、発注者の要求に合った請負業者を入札で選定します。請負った建設工事を一括してほかの建設業者に請負わせ、工事に関与しないとしたら、その発注者の信頼を裏切ることになります。

4.6.1　一括下請負とは

　一括下請負とは、**請負った建設工事の全部、またはその主たる部分を一括してほかの業者に請負わせること**をいいます。請負った建設工事の一部分であっても、ほかの部分から独立してその機能を発揮する工作物の工事を一括してほかの業者に請負わせる場合、請負わせた側がその下請工事の施工に**実質的に関与していると認められないもの**は一括下請負と見なされます。

4.6.2　一括下請負の弊害

　一括下請負は、安易な重層下請けによって、生産効率を低下させ、不正な原価管理を行うもので、請負契約を締結するに際して発注者が建設業者に寄せた**信頼を裏切る**こととなります。

　一括下請負は、建設工事の施工上の責任の所在をあいまいにし、**手抜き工事を誘発**します。

　また、実際の施工を行わなかった業者に不合理な利潤が取られることで、実際に施工した業者の現場経営が圧迫され、**労働条件の悪化**につながりますし、中間搾取を目的とする施工能力のないブローカー的**不良建設業者の輩出**を招きます。

　このように一括下請負は、**建設業の健全な発展を阻害**します。

4.6.3 実質的な関与とは

「**実質的な関与**」とは、**元請負人自らが主体的な役割を果たし企画、調整、指導を行うこと**をいいます。具体的には、**施工計画**の総合的な企画・作成、的確な施工を確保するための**工程管理**と**安全管理**、工事目的物・工事仮設物・工事用資材などの**品質管理**、下請負人間の施工の調整、下請負人に対する**技術指導・監督**などをいいます。

　下請負人の工事への実質的な関与が認められるには、元請負人や下請負人は、以下の表に示す事項を実施することが求められます。

「実質的な関与」に関する元請負人・下請負人の役割		
	元請負人	下請負人
施工計画の作成	◎ 建設工事全体の施工計画書等の作成 ◎ 下請負人の作成した施工要領書等の確認 ◎ 設計変更等に応じた施工計画書等の修正	◎ 請負範囲の建設工事に関する施工要領書等の作成 ◎ 下請負人が作成した施工要領書等の確認 ◎ 元請負人等からの指示に応じた施工要領書等の修正
工程管理	◎ 建設工事全体の進捗確認 ◎ 下請負人間の工程調整	◎ 請負った範囲の建設工事に関する進捗確認
品質管理	◎ 請負った建設工事全体に関する下請負人からの施工報告の確認、必要に応じた立会確認	◎ 請負った範囲の建設工事に関する立会確認 ◎ 元請負人への施工報告
安全管理	◎ 安全確保のための協議組織の設置及び運営、作業場の巡視等請負った建設工事全体の安衛法に基づく措置	◎ 協議組織への参加、元請負人の現場巡回への協力等請負った範囲の建設工事に関する安衛法に基づく措置
技術的指導	◎ 建設工事全体における主任技術者の配置等法令遵守や職務遂行の確認 ◎ 現場作業に係る実地の総括的技術指導	◎ 請負った範囲の建設工事に関する作業員の配置等法令遵守 ◎ 現場作業に係る実地の技術指導
その他	◎ 発注者等との協議・調整 ◎ 下請負人からの協議事項に対する判断と対応 ◎ 請負った建設工事全体の原価管理 ◎ 近隣住民への説明	◎ 元請負人との下請人配置の協議* ◎ 下請負人からの協議事項への判断と対応* ◎ 元請負人等の判断を踏まえた現場調整、施工確保のための下請負人調整 ◎ 請負った範囲の建設工事に関する原価管理

＊下請負人が、自ら請けた工事と同一の種類の工事について、さらに下請契約（複数次下請）を締結する場合に必須とする事項

4.6.4 一括下請負となる行為

それでは具体的にどのような場合が一括下請負となるのでしょうか。

① 元請負人がその下請工事の施工に実質的な関与をしていないとき、一括下請負に該当します。

一括下請負の事例

◎ 建築物の杭打ち工事のすべてを一次下請負人が二次下請負人に下請けさせ、マンション工事の施工に伴う建築工事のみを元請負人が施工していました。施工計画の総合的な企画、工事全体の的確な施工を行っていませんから、一括下請負に該当します。

---

② 工事現場に技術者を置いているだけでは、「実質的な関与」となる技術指導や監督を行っていることにはなりません。請負った建設工事の一部分であっても、技術指導や監督を行わず、一括して下請負人に施工させる場合は、一括下請負に該当します。（**中間手数料などが一切ない**場合でも**一括下請負**）。

一括下請負の事例

◎ 戸建住宅8戸の新築工事を受注し、そのうちの6戸を自社で施工し、2戸の工事を1社に下請負させる場合も該当します。

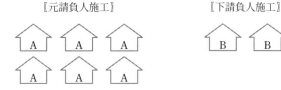

◎ 道路改修を1kmの道路工事を受注し、施工計画上、技術的に分割しなければならない特段の理由がないにもかかわらず、その内の500mごとを自社施工し、残りの500m分について1社に下請負させる場合も該当します。

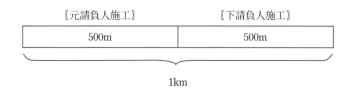

③ **受注会社**との間に**直接的かつ恒常的な雇用関係**（派遣社員でない現場代理人）を**有する適格な技術者が置かれない**場合も、**実質的に関与**していることには**なりません**ので注意してください。また、親会社から子会社への下請工事であっても、**別会社である**以上、親会社から**実質的な関与がない**と判断される場合には、**一括下請負**に該当します。

一括下請負の事例	
元請負人（派遣社員でない正社員の現場代理人）	一括下請負に該当しない
元請負人（派遣社員の現場代理人、子会社の現場代理人）	一括下請負に該当

④ **民間工事**は、**発注者の書面による承諾**（発注者がどの事業所が施工するか事前に書面で確認できなくてはいけません）があれば**合法**ですが、**公共工事**については**全面禁止**です。

民間工事の一括下請負の事例	
元請負人（発注者が事前に書面で確認）	一括下請負に該当しない
元請負人（発注者が派遣社員の現場代理人は未確認）	一括下請負に該当
公共工事の一括下請負の事例	
元請負人（派遣社員の現場代理人、子会社の現場代理人）	一括下請負に該当

4.6.5 一括下請負のペナルティ

「一括下請負」には、重いペナルティが待っています。

一括下請負は、発注者が建設業者に寄せた信頼を裏切る行為です。再発防止の観点から原則として**監督処分（営業停止）**を受けることになります。また、一括下請負と判断された工事についてはその工事を実質的に施工していると認められないため、経営事項審査における**完成工事高から当該工事に係る金額を除外**されます。

なお、一括下請負は、**請負わせた業者だけでなく、請負った業者も監督処分（営業停止）の対象**になります。

第 4 章　施工管理体制　施工管理体制の強化で施工不良を防ぐ

4.7　施工不良の防止

　施工不良を防止するためには、**元請人は下請人と良好な関係を築く**ことが大切です。元請人は、主要な協力業者に対して、技術管理技術者をはじめとする専任の担当者を配置し、定期的な会議などを通じて相互理解に努め、技術以外の関係を築きます。
　「高品質な出来形第一主義」を掲げ、**安全・安心な施工環境**を維持し、**無理のない余裕ある工程**で施工管理します。元請人は、**優越的地位の濫用、違法な利益誘導は厳禁**です。
　施工不良を防止し、高品質な出来形を確保するには、具体的には**技術管理者の管理意識を高める**とともに、**施工管理を確認**します。

4.7.1　技術管理者の管理意識を高める
　施工不良が発生する原因は**技術管理者の管理意識**にあります。公共工事では、技術的問題を解決するため、配置する技術管理者の要件を具体的に建設業法や労働安全衛生法に定めていますが、**技術管理者が法の定められた責務を怠たると施工不良が発生**します。管理技術者は、工事を管理する技術者の専門家としての意識を持つことが重要です。コンプライアンス（法令遵守）といった**職業倫理を高め、利益を確保**します。

4.7.2　施工管理の確認
　施工不良が発生したとき、建設会社は施工管理を行う技術者「個人」の責任のみを追及するのではなく、**建設会社の管理体制にも問題**があったことを自覚すべきです。管理体制の構築を徹底し、受注時から適切な品質管理ができるか、施工現場を厳しくチェックしましょう。
　建設会社が元請人として建設工事を受注し、工事を下請人に請負わせるとき、元請人は**下請人の施工計画や施工内容を必ず確認**します。内容が理解できないときは説明を求めます（「4.4 施工計画書による技術管理」参照）。
　以下に**「設計図書の詳細確認」「出来形、出来高管理の記録などの確認」「立会、検査計画などの確認」**に分けて説明します。

4.7　施工不良の防止

（1）設計図書の詳細確認

　施工に先立ち、元請人と下請人は、**工事の詳細を設計図書により確認**します。**設計条件の変更が必要な場合**、事前に調査内容を発注者（監督職員など）に報告します。工期や施工費の変更が伴うのであれば、**発注者と協議**します。発注者が確認・承諾した**変更指示書を受け取ってから着工**します。

（2）出来形、出来高管理の記録などの確認

　元請人や下請人の現場代理人は、**作業日報に出来形や出来高を記録し管理**します。出来形は施工管理者や現場技能者が品質を保証します。また、出来高は今日の施工状況を記録します。原価管理は工程管理とともに行います。

　施工記録は、設計図書に従って適切に施工した証拠となります。工事請負契約書に真摯に向き合ったことを証明するものです。建設技術者は、正しい理解に基づいて、施工管理者や現場技能者に施工記録の重要性を確認させ、指導・育成をとおして技術者を育てることが大切です。

（3）立会、検査計画などの確認

　管理技術者は、要求される性能が確保されていると判断し、元請人に説明できなければなりません。管理技術者は、事前に施工計画書に立会項目、立会頻度を記載しておきます。**元請人の監理技術者**は、**施工計画書の内容を現地にて確認**します。

4

施工管理体制　施工管理体制の強化で施工不良を防ぐ

4.8　情報化施工の導入

建設産業の担い手である技能労働者が減っていることは、第1章で説明しました。そのため施工不良を防止し、高品質な出来形を確保するには、情報化施工の導入も必要です。

情報化施工には、**建設機械の自動化**と建設技術者に求められる**的確な判断支援**の二つがあります。建設機械の自動化は文字どおりですが、判断支援とは、電子技術活用による人的管理面での補助をいいます。

現場代理人、監理技術者、主任技術者は、バリューチェーン・マネジメントにより、工事工程全般にわたって管理しなければなりません。判断支援は、バリューチェーン・マネジメントを容易にします。常に変化する工事現場の状況を情報機器を活用してリアルタイムで把握、巡回で指摘された作業安全指示と品質・出来形等の項目を評価し、是正処置を指示します。それにより「**環境に配慮され**」「**安全で高品質な**」構造物を「**短納期に**」「**適切な予算で**」施工することが可能になります。

4.8.1　情報化施工とは

情報化施工とは、ICT を活用した施工のことです。ICT は Information and Communications Technology の略号で、情報通信技術と訳されます。情報化施工は、情報通信技術の活用により、調査、設計、施工、監督・検査、維持管理といった各プロセスから得られる**電子データを継続的に取得**して、**高効率・高精度な施工**を実現します。さらに施工で得られる電子データをほかのプロセスに活用することによって、建設生産プロセス全体における**生産性の向上や品質の確保**を図ります。

また、ICT を 活 用 し た 取 り 組 み に CIM（Construction Information Modeling）があります。**CIM** は、建築分野で進められていた BIM（Building Information Modeling）に倣ったもので、**三次元モデル**を中心に関係者間で**情報共有**することで一連の建設生産システムの**効率化・高度化**を図るものです。現在は「Construction Information Modeling/Management」と定義され、三次元モデルを活用した情報の見える化にとどまらず、**ライフサイクル全体を見通した情報マネジメント**も含みます。

4.8 情報化施工の導入

このように建設業界では、技能労働者が減少するなか、施工不良を防ぎ、高品質を確保しながら生産性を上げるため、ICT の活用が進むと言われています。国土交通省は、2016(平成 28)年 4 月から、CIM を基調とした「i-Construction 建設現場の生産革命」の取り組みを推進しています。ICT の活用により、調査・設計から施工・検査、さらには維持管理・更新までの**建設分野のプロセス全体を最適化**します。「低高度用のドローンによる測量」「自動航行ソフト」「SfM（Structure from Motion）ソフト（デジタル写真計測法による三次元点群データ）」「三次元点群処理ソフト」「三次元設計データ」などが実用化されています。また、新技術の活用のため、新技術にかかわる情報の共有や提供を目的とした**新技術情報提供システム NETIS**（ネティス）の「公共工事における新技術活用システム」運用マニュアルが整備されています。

4.8.2　情報化施工の特徴

情報化施工により、施工管理における品質管理が従来よりも多くの点で可能となりました。紙をベースとした**二次元（2D）の作業を、データを活用した三次元（3D）**に変更するマシンコントロール（MC）で、直観的な理解を助け、**施工の効率化・合理化、安全性確保**を**可能**とします。施工機械の位置や施工情報を表示するマシンガイダンス（MG）で、これまで以上の**品質や生産性、安全性、工期短縮**が**期待**されます。

情報化施工では、建設機械と電子機器、計測機器の組み合わせによる連動制御、あるいはそれら機器をネットワーク化して、一元的な施工管理が可能となります。**個別作業の横断的な連携や施工管理の情報化**を行うことによって、施工全体として**生産性や品質の向上**を図るシステムです。

情報化施工の範囲は、**遠隔操作技術、観測・計測技術、情報収集技術、情報蓄積・通信技術、ロボット技術**など多岐にわたります。また、情報化施工は、その後工程である出来形管理や維持管理の効率化にも寄与します。

4.8.3　情報化施工のメリット

情報化施工の普及によるメリットをまとめます。

（1）発注者のメリット

情報化施工は蓄積されたデータを広く共有することが基本にあります。発注

者は、従来の監督職員による**現場確認**が**施工管理データの数値チェック**などで代替可能となります。また、検査職員による**出来形・品質管理の規格値の確認**などについても、**数値の自動チェック**が今後可能となると期待されます。

ただし、情報化施工を促進するためには、受注者の意欲だけではなく、発注者が入札時点で情報化施工を**実施しやすいロットで発注**を行うことなどの配慮が必要です。

監督・検査の効率化	発注者が施工の三次元データを連続的に把握できるようになります。工事発注者の監督職員・検査員らの業務が効率化され、受注者の施工管理実施状況を確実に確認できます。
維持管理の効率化	施工時の管理がクラウドサーバーなどに記録されていることから、施工管理データを構造物の診断・解析に活用ができるようになります。使用者は3Dモデル全天球写真で実際の作業者との情報共用を使用することで、一層高度な構造物の維持管理が実現されます。
技術者判断の支援	調査・設計、施工、維持管理で得られた多くの情報化施工のデータが共有化されることで、多くの技術者が各段階で迅速かつ柔軟な判断を行うことができます。

（2）受注者のメリット

施工者においては、実施する施工管理にあっては、施工管理データの取得により**トレーサビリティが確保**されるとともに、**高精度の施工**や**データ管理の簡略化**、**書類の作成に係る負荷の軽減**などが可能となります。

作業の効率化と技術競争力の強化	重機のオペレーターの熟練度に大きく依存しないで、施工速度の向上や現場作業の効率化、施工ミスの低減が可能になります。工期短縮・省人化とともに、出来形や出来高の検測の省力化、品質の確保ができます。
安全性の向上とイメージアップ	工事現場の作業環境が改善され、施工機械との接触事故を極力少なくすることができ安全性が向上します。「請負工事成績評定要領の運用の一部改正について」における条件が改正されれば、情報化施工を取り入れた工事については、工事成績において加点され、魅力のある産業へのイメージアップにつながります。

4.8.4 情報化施工の課題

　情報化施工が一般化されるためには、**施工業者の技術力・判断力の向上**や**施工機械の性能向上**が課題です。情報化施工の積極的な施工現場への導入を喚起し、技術と機械の性能向上の循環によって、情報化施工の普及と発展が進んでいくことが理想的であるとされています。

　そのためには、発注者は受注者に対し、**インセンティブ**の与えることが必要です。**総合評価落札方式の評価テーマを活用**するなど、情報化施工の採用を促します。また、発注者は情報化施工の特性を把握したうえで、**わかりやすい技術情報の提供**も必要です

◎ 情報化施工の技術者の育成を図るには、さまざまな分野から**技術情報の収集・整理**を行い、情報化施工の**研修体制を確立**、**研修内容を整備**し、**資格制度創設**に向けた検討が必要です。

◎ 海外の情報化施工の実態を調査して、調査・設計、施工、維持管理のデータの交換を標準化する**運用体制を整備**します。用語の定義・統一を図り、**情報化施工の標準化**（国際規格、国内規格、業界規格）の推進やクラウドサーバーの**保管容量や伝達性などの充実**が必要です。全地球を利用可能範囲とするシステムの全地球航法衛星システム（GNSS）やTS（トータルステーション）による**リアルタイム観測の充実**も必要です。現場条件に適応した測位技術を選択します。

◎ **情報化施工に対応する建設機械の普及**させるため、一般の建設事業者が容易に調達できる環境を整備します。ウェアラブル端末の充実など多くの**情報化施工導入現場を公開**し、施工性や確実性、安全性を高め、普及のための**情報発信の強化・促進**が必要です。

◎ 効率性を追求するには、**低高度用のドローン**に搭載するカメラの画素数を上げて、作業効率を向上させることも必要です。空撮測量できないトンネルなどでは**全天球カメラ**（360°カメラ）と**三次元レーザースキャナ**で計測するなど汎用性を図る必要があります。

4.8.5 情報化施工での検査

　情報化施工の検査では、**監督職員による監督の実施項目の規定を準用**します。**出来形の検査**に関して、**出来形管理資料の記載事項の検査**を行うことは**通常の検査と同じ**です。仕様書（情報化施工での管理要領等の資料も含みます）で示

第4章　施工管理体制　施工管理体制の強化で施工不良を防ぐ

す使用機器を用いて、検査職員が指定する箇所の出来形検査を行うことも同じです。

　ただし、**情報化施工の検査**では、管理要領で示す使用機器を用いるならば、測定器具等の計測準備を行わなくても、**効率的な検査の実施が可能**となります。情報化施工の検査は、出来形数量の算出においても、情報化施工での公的な管理要領等で算出された寸法値を用いてよいものとされていますので、**非常に簡略化**されます。**検査職員の実施項目**は下記に示すとおりです。

（1）出来形計測に係わる**書面検査**

　工事の出来形管理用 TS（トータルステーション）に係わる施工計画書の記載内容で、設計データチェックシートを確認し、検査を実施します。

　◎ パラメータ（目標値）（重機などの位置、ブレードなどの角度）の確認

　◎ 出来形管理用 MC・MG の座標・標高の確認

　◎ 出来形管理用 TS に係わる工事基準点の測量結果（座標・標高）等の確認

　◎ 出来形管理用 TS に係わる「出来形管理図表」の較差（TS-MC・MG の座標・標高の差）、規格値の確認

　◎ 品質管理や出来形、出来高が自動数量計算の三次元ソフトを活用することで、判断できる施工段階確認記録（出来形管理写真）等の確認

　◎ 工事完成図書（電子成果品：電子媒体（CD-R）2 部、出力 1 部）の確認。または、クラウドによるデータの保管・共有の確認

（2）出来形計測に係わる**実地検査**

　◎ 検査職員が指定する管理断面等の出来形検査

　◎ 検査職員による「全地球航法衛星システム（GNSS）」の盛土締固め管理記録等やコンクリート等の品質管理記録、写真、日報等の検査

第5章

原価管理
要素別実行予算で品質を確保し利益を上げる

　原価管理は、要素別実行予算で品質を確保し利益を上げます。建設業のバリューチェーン・マネジメントによる原価管理は、バリューチェーン（価値の連鎖）を**元請人の現場代理人の主活動**をとおして、関連する下請人が担う**工種ごとに切り分けて分析**し、**粗利益の確保を図るフレームワーク**です。元請人の現場代理人が、個々の工種活動ごとに利益を分析することで、どの工程で高品質と高利益の付加価値が生み出されているのか、またはどの工程に問題があるのかを明確にします。また、**技術管理者による支援活動**から、各活動（工程）について詳しく分析し、**自社の強みと弱みを明確**にし、**工事現場のリスクを管理**します。

　建設業のバリューチェーン・マネジメントには主に二つの活動があります。一つは各工種にかかるコストを把握し、**ムダをなくすコスト戦略に役立てる主活動**。もう一つは建設業自社の強みと弱みを把握し、**差別化戦略で企業の発展に役立てる支援活動**です。

　競争が激化している一方で、品確法が施行された現在では、工事金額を**低価格にするだけで競合する他社に勝つことはできません**。原価を管理する技術で品質も確保して、**自社の強みを把握し差別化する**ことが大切です。またさらに管理技術を磨くことで、価格以外の点で**発注者の信頼を得て社会から評価**されることが**必要不可欠な時代**となっています。

　建設事業では、発注者が納得のいく価格で、受注者が工事を実施することが重要です。そのため、元請人は自社の施工技術やサービスのうち、発注者から見て特に付加価値が高い部分、つまり「**自社の強み**」を見出し、その**強みを育成**し施工管理を行います。その強みを見出して、建設事業を推進していくための基本的な管理手法が「建設業のバリューチェーン・マネジメント」です。

　建設業では元請人と下請人は、**原価管理でも「ホウ・レン・ソウ」で利益を得ます**。バリューチェーンとは、工事を受注し資材を調達してから施工やサー

第5章　原価管理　要素別実行予算で品質を確保し利益を上げる

ビスが発注者に届くまでに行う活動の連鎖（チェーン）です。建設事業では、下請人が各工種を施工するだけの**工事の連鎖（サプライチェーン）**だけではなく、下請人をはじめ施工する**すべての企業の価値の連鎖（バリューチェーン）を高める**ことが大切です。関連する**各企業の正当な管理**こそ利益を得る活動です。

5.1　工事原価の定義と粗利益の関係を理解して利益を上げる

　バリューチェーン・マネジメントでは、原価管理の分析の際に実行予算に注目し、**予算を規定する構造的要因を整理**します。原価管理の実行予算の裏づけを、**要素別実行予算の「労務費」「材料費」「外注費」「経費（機械、運搬費等を含む）」に区別**し、施工計画の策定において**「工事原価管理を十分に機能させる」**ような**「コスト戦略」**は**欠かせません**。最適な実行予算を策定するには、**コスト・ドライバー（利益のポイントとなる工種、項目）はどの工種で、どのように施工管理**すればよいか、工事のバリューチェーンにどのくらい影響を与えるかを**定量的に把握**することが大切です。

（1）要素別実行予算による工事原価を採用する理由
　工事原価とは、土木施設や建築物などの**建設事業を実施するために必要とする資材の「財貨」や管理などの「サービス」の金額**と考えればよいでしょう。受注した建設工事の完遂に伴い発生する経済的な価値犠牲（経済的犠牲を伴って投下される効用）であり、当該工事の収益によって直接的に負担することが妥当と判断される原価をいいます。
　建設会社の課題は**「粗利益を増やす」**ことです。粗利益は以下のとおりに定義されます。

粗利益＝売上高（完成工事高）－工事原価

　したがって、粗利益を増やすには、売上高を増やすか、工事原価を減らすことです。ここでは工事原価を減らすことで粗利益を増やす方法を考えます。
　工事原価を減らすには、まずは**工事原価**の内訳を**明確**にします。工事原価は原価三要素と呼ばれる**材料費、労務費、経費**に分類できます。建設業法施行規則別記様式第15号「完成工事原価報告書」による分類では、「Ⅰ **材料費**」「Ⅱ **労務費**」「Ⅲ **外注費**」「Ⅳ **経費**」（うち人件費）となっています。要素別実行予

算では、**工事原価**を「**労務費**」「**材料費**」「**外注費**」「**経費（機械、運搬費等を含む）**」に区分して管理します。

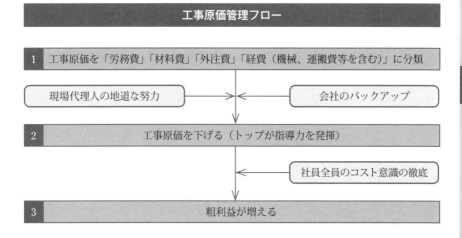

具体的には、現場代理人が「**工事原価を減らす**」仕組みを現場に徹底させます。現場代理人の予算管理は、常にゼロベースで設定します。予算と実績の差を毎日、週、月ごとに管理して、「**粗利益を増やす**」よう日常的に取り組みます。また、建設会社は利益を生み出す工種を技術やマネジメントでバックアップします。このように「**粗利益を増やす**」には「**現場代理人の地道な努力（主活動）**」と「**会社のバックアップ（支援活動）**」で**工事原価を減らすことです**。

なお、工事原価を減らすために重要なのは、**社員全員のコスト意識の徹底**です。建設会社のトップは、会社存続のためにはコストダウンが欠かせないことを日ごろから社員に伝え、全社員がコストダウンに協力するようリーダーシップを発揮すべきです。

第5章　原価管理　要素別実行予算で品質を確保し利益を上げる

（2）工事原価管理が十分に機能しない理由

工事原価管理が不十分な理由		
理　　由	現場代理人の問題	企業の問題
施工計画が不十分	担当者の能力不足	◎ 施工計画の立案作成を担当する現場代理人任せにしている ◎ 担当者が施工計画の相談をできず、施工計画作成のための時間が不足する
	工事原価低減策に必要な情報の不足	◎ 工事原価管理の情報システムが整備されていない ◎ 工事原価管理に必要な知識や対策ツールの情報源を確保していない
工事原価管理を現場事務所（作業所）（主活動）のみの努力に依存	効果的な工事原価低減策が会社から示されていない	◎ 社内に具体的な工事原価低減ツールがない ◎ 支援の仕組みの確立、人材が整備されていない
	形式的な日報や請求書だけで実行予算を管理している	◎ 工事別実行予算から予算原価を捉えていて、要素別実行予算が実施されていない
建設会社の施工計画会議（技術部門）（支援活動）が効果的に機能していない	作業現場からの報告が不十分	◎ 作業現場からの工事原価管理の問題点の報告が不十分で、明確な指示ができない ◎ 施工計画会議の雰囲気が堅苦しく、現場代理人は、自由な発想で問題点を相談できない
	作業現場からの報告を把握していない	◎ 工事作業日報や実施工程表と予算原価管理の評価内容を前もって理解していない ◎ 施工計画会議で作業現場の問題点のフォローアップ指示ができないなど会議の人選が適切でない

　工事原価管理が十分に機能しない理由には、「**施工計画が不十分**」で「**工事原価管理を現場事務所（作業所）のみの努力に依存**」して「**建設会社の施工計画会議（技術部門）が効果的に機能していない**」からです。それぞれ「**現場代理人の問題点**」と「**企業の問題**」があります。**工事原価管理が十分に機能しないと、受注者は工事を適正に実施できず、技術的能力が適切に評価されません。**最近では、**品確法**により**受注者の技術的能力の審査等が義務づけ**られているの

で、工事原価管理を十分に機能させるよう検討すべきです。

現場代理人は、「**どのように予算原価内で工事を進めるのか**」「**今後、粗利益をどう確保するか**」「**粗利益はどのくらいになるか**」を考えて**施工管理**を行わなくてはいけません。書類を作成するだけの形だけの施工管理では、粗利益を増やすことはできません。**工事作業日報**は、単なる結果報告の資料としてでなく、**判断を仰ぐ資料**として積極的に活用します。

建設会社も現場任せにせず、**作業現場の状況を把握**し、**作業現場に明確な指示**をしなくてはなりません。それには毎月の工事の請求書を集計するだけでなく、工事予算を組んだときの工事完了までの目標利益を確保するため、定期的に**施工改善を検討**しなくてはなりません。

（3）粗利益確保には「現場代理人の地道な努力」と
　　　「会社のバックアップ」が必要な理由

粗利益は、**建設会社がいかに現場代理人をバックアップしたか**によります。現場代理人は、原価管理についても「ホウ・レン・ソウ」で建設会社の施工計画会議に判断を仰ぎます。

建設事業は、設計図書に基づいた工事請負契約において、仕様書により示された出来形と品質を確保した工作物を構築することです。建設事業は作業現場（工種）ごとに損益を計算して工事原価を算出し、予算を管理します。建設事業のような原価計算を「**個別原価計算**」といいます。作業現場の儲けとは、「個別原価計算」で現場代理人に与えられた予算（予算原価）から支出を管理（発生原価）して残った金額（粗利益）です。**建設会社**は、粗利益を確保するため、**工種を検討**します。**現場代理人**は個別原価計算により**発生原価を管理**します。

第5章　原価管理　要素別実行予算で品質を確保し利益を上げる

5.2　要素別実行予算を活用して利益を上げる

　工事別実行予算の付加価値の管理は、バリューチェーンの視点から、**利益の出る工種の要素を分析**し、**原価管理を徹底する**ほうが適切であるといえます。工事別実行予算の付加価値は、**実行予算から発生原価を引いた粗利益の額**です。粗利益を確保するには、施工に必要な**材料費**、**労務費**、**外注費**、**経費を正確に分けて管理**します。**建設会社による支援活動**では、材料費や労務費、外注費のコストを下げるため、**利益の問題点を差別化**し、**コストの連結関係を明らかに**します。**現場代理人による主活動**では、その分析結果を踏まえ**利益意識の高い管理**を実施します。

　建設業のバリューチェーン・マネジメントとは、**発注者の立場に立って、工事品質における価値を創造する活動**でもあります。発注された工事を品質管理の切り口から分解し、それぞれの**工種の特徴を正確に把握**します。それらの工種の関連（工事工程からの関連性）を再構築しながら、品質を管理するフレームワークとして活用します。建設業のバリューチェーン・マネジメントは、ほかの建設事業者より**競争優位をもたらすにはどのような工事管理戦略をとればいいか**を導き出すことを目的としています。

　適切な建設業のバリューチェーン・マネジメントで原価管理を実施するには、**現場代理人に要素別実行予算の作成の仕方を把握させ、実行予算書を作成する際のポイントを理解できるように指導**していきます。また、目標とする粗利益を確保できるよう**適切な実施工程表の作成**についても指導します。

　主活動では**工種の関連**（工事工程からの関連性）**を再構築してフレームワークで管理**しますので、自ずと品質管理・安全管理は備わってくるものです。

（1）要素別実行予算の作成の仕方

　現場代理人が実行予算を作成するときには、工種別体系によって**積み上げ算定**し、**コストダウンの試行**を繰り返します。望まれる**期待利潤が確保**されれば、その時点で**要素別体系による原価科目・要素別**に分けて**支援活動の部門に報告**します。工事費の構成内容を部位別に**材料、労務、外注、経費の4要素に分類**するのです。この実行予算手法を**要素別実行予算**といいます。要素別実行予算の特徴は、会社の財務諸表と整合性を持たせるために4要素で予算化されま

とめられていることです。

建設企業による**支援活動**では、**利益が出る工種の管理の問題点を把握**し、その工種のコストを要素別に分解して、**現場での利益目標を管理する重要なポイント**として**現場代理人を指導**します。能力で差が出る**現場代理人の主活動**は、このポイントに基づいて、その**工種を材料、労務、外注、経費の4要素に分け**て、工事現場の**品質・安全等の工程管理を行い**ます。**下請人を指導**し、原価計算を行いながら、工事原価も適切に管理していきます。

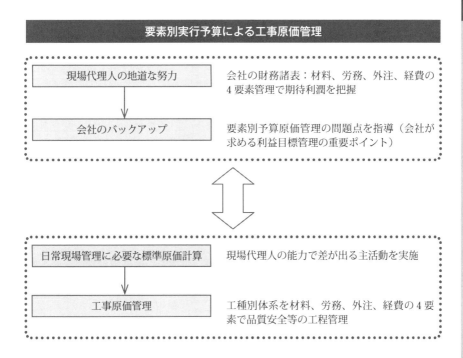

（2）実行予算書を作成して管理する際に必要な
　　「実行予算書を作成する際のポイント表」

現場代理人は、会社が求める利益目標のための詳細な**施工計画を立案**し、契約時に行った**見積原価を見直して**実態に即した**実行予算を作成**しなければなりません。実行予算を作成するには、設計書から発注後の工種別体系を算定積上げします。

能力のある現場代理人は、以下の「**実行予算書を作成する際のポイント表**」のように**要素別（材料費、労務費、外注日、経費の4要素の形態別）に数量**と

第5章　原価管理　要素別実行予算で品質を確保し利益を上げる

単価を算出して集計し、総括表にまとめて対比し関連づけて、問題点の管理方法を検討します。

実行予算書を作成する際のポイント		
	数　　量	単　　価
材料費	ロス率や変更設計を考慮して、実際に使用する数量を把握する。	資材メーカーなどと打合せを行い、見積に基づいた単価とする。
労務費	過去の会社の歩掛かりに応じて、工種別での人数と日数の数量を把握する。	社内基準で能力に応じた実際に支払われている賃金、給料、手当などに基づいた単価とする。
外注費	下請人と打合せを行い、見積に基づいた実際の施工数量を把握する。	下請人の見積書から歩掛かりを積み上げ方式で算出した単価とする。
経費　機械費	実際に現場で使用する機械実績の台数と日数の数量を把握する。	社内機械は社内損料、レンタル機械はメーカーの見積に基づいた単価とする。
経費　現場経費	過去の会社の実績に応じて、実際に使用する数量を把握する。実際に配置予定者（元請人技術者、技能者）の配置予定期間を把握する。	過去の会社の実績に応じた動力・用水・光熱費に基づいた単価とする。従業員手当、退職金、法定福利費・福利厚生費は、社内基準に基づいた単価とする。

（3）残工事費の予測

残工事費の予測とは、現場代理人が**工程表、見積書、標準歩掛りから残工事にかかる費用を算出すること**です。未完成工事に要する数量と単価を、工程表と標準歩掛りから天候なども加えて検討して、今後必要な費用を算出することです。

工程管理に従った施工の**進捗で残工事費を集計**し、実行予算で算出された工事原価を守るよう細かく管理して、**施工計画を実施**します。

（4）実施工程表作成時のポイント

予算原価管理を推進させる**実施工程表作成**のポイントは、**現場代理人**が工事開始から完了に到る施工の**プロセス（進度と作業量）を完全に掌握**できることが**最も重要**と言えます。現場代理人が余裕を持って施工管理を実施するため、「**日々の損益**」「**粗利益予測**」「**効率的段取り**」の進捗状況を把握しやすくします。

実施工程表は「**工事作業日報**」との**整合性を確保**して、**工事原価管理の負担**

5.2 要素別実行予算を活用して利益を上げる

を大幅に**低減**することを基本に作成してください。**実施工程表**と「**工事作業日報」との整合性確保**とは、作業現場を体系化し「**見える化**」「**共有化**」を図ることです。**施工計画会議（支援活動）**では、**進度管理**と**作業量管理**と**粗利益**を**把握**し、現場代理人の**工事原価管理**の**変更等**に容易に**対応指導**できることも大切です。会計データをインタフェイス化して、**元請人の建設会社**の建設簿記が行う**既存財務会計（工事原価仕訳計算表）との連動**も考慮しておくことです。

　実施工程表作成では、元請人本社や下請人、資材メーカー等の関係会社との**スケジュール調整**も容易にしておくことも大切です。

実施工程表作成時に一番重要なこと
◎ 進度と作業量を完全に掌握
◎ 工事原価管理の負担を大幅に低減
◎ 工事作業日報との整合性を確保
◎ 既存財務会計（工事原価仕訳計算表）との連動

5

原価管理　要素別実行予算で品質を確保し利益を上げる

141

5.3 「外注方針」「購買方針」を作成して利益を上げる

　建設会社では**いかに資材単価や外注費などの工事コストを下げるか**が大きな課題です。しかし、材料の質や外注の能力も企業の差別化を促すことも理解しなければなりません。バリューチェーン・マネジメントのマイケル・E・ポーターは、**差別化の価値を「発注者が受注者の構造物に対し喜んで払ってくれる金額」**と定義しています。建設事業者は、発注者が求める高品質の社会資本などを安定的に提供するためには、**外注者の技量や調達資材の品質を維持・向上する必要**があります。建設事業者は、施工品質に関する要求事項を明示した「外注方針」「購買方針」を検討したうえで、取引先と契約を締結する必要があります。「**外注方針**」「**購買方針**」は、**現場代理人**が**下請負事業者、資材メーカーを選定する基準**です。**下請負契約**を交わしたり、**購買方法を決定**したりするのに活用します。「**外注方針**」「**購買方針**」は建設企業の**支援活動で決定**しておきます。現場代理人の主活動の負担を減らすため、「外注方針」「購買方針」の内容には、元請人が求める**コンプライアンス（法令遵守）への理解**（労働保険と社会保険の加入）**を深める**など、基本的な手引き書の要素も加味しておきましょう。

　外注方針では、契約する**下請人**が**社会保険に加入**していることを基本とします。今後、社会保険に加入していない下請人と業務契約を結んだ場合、元請人は建設事業を行うことができなくなります。

　下請人は元請人から見積書作成の依頼を受けたときには、見積依頼書の様式や見積条件が決まっている場合でも、専門工事業団体が作成した標準見積書を活用して、**社会保険納入費用を含んだ法定福利費**を元請人に対し内訳明示します。なお、下請人は元請人と社会保険を法定福利費相当額として含まない金額で請負契約を締結した場合、通常必要と認められる原価に満たない金額で契約したと判断され、元請人は建設業法第19条の3の「**不当に低い請負代金の禁止」の条項に違反**するおそれがあります。

　元請人は、下請人が作成した見積書に記載された社会保険納入費用を含む**法定福利費**を認めず、一方的に**その費用を削減することはできません。元請人**は自社の常用労働者と下請人に対する**法定福利費を確保した工事原価書を作成**し、工事に臨みます。

5.3.1 材料費の管理は購買方針が基本

受注した工事の管理方針が決まった段階で、会社の会計処理との整合性が図りやすい形で予算を管理します。現場代理人は、材料費、外注費、労務費、機械費について、**「調達管理」「支払管理」「収支管理」**を行う必要があります。「調達管理」「支払管理」「収支管理」には、会社の方針が重要です。これが「外注方針」と「購買方針」です。

最近の「外注方針」「購買方針」には、企業の**社会的責任**として、地球環境保全や社会的弱者問題へ寄与する**「技術の醸成」**と**「多角的事業」**を**相乗的に高める**ことが求められます。

「外注方針」「購買方針」とは、顧客との信頼関係に基づいた新しい価値を提供し続けるうえで、Quality（品質）・Cost（価格）・Delivery（納期）において**競争力を持った企業と公平・公正な立場で取引を行うバリューチェーン・マネジメント**そのものと理解してもよいでしょう。**支援活動**では、外注や材料購買に対する「発注」「調達」「作業」の３業務のうち、段階的に「調達」を**管理するシステム**として機能させます。**「調達」**とは、以下の**「発注計画」「調達と管理（保管を含む）」**に分かれます。

「発注計画」は、工事原価管理システムの一環をなしていて、**支援活動**では外注費や材料費の見積りに基づいて必要な材料の**所要量と納期を決め**ます。**主活動**では調達を受け**要求される品質の工事を実施**します。

「調達と管理（保管を含む）」は、**支援活動**では**下請契約**と**材料購買**とに大きく区分され、**主活動**では**納品検査**や**出来形**、**品質検査**も含まれます。この外注方針と購買方針は、**「支援活動の発注」**と**「主活動の管理」**を基本としています。

（1）施工計画会議（主活動と支援活動）で課題を検討

「発注計画」「調達と管理（保管を含む）」は、事前の**支援活動**で、**「何を」「どれだけ」「いつまで」「いくらで」「どこから買うか（あるいはどこに頼むか）」**を**検討**します。まず、**「何を」**は**「品種」**と**「品質」**をいいますから、**技術関連部門**が**判断**する事項です。**「どれだけ」「いつ」**は**「数量」**と**「時期」**、**「いくらで」**は**「価格」**と**「支払条件」**をいいますから、**経理部門**が**判断**します。しかし原則的に**「何を」「どれだけ」「いつまで」「いくらで」**は、現場を統括する**現場代理人**による**実施工程表の材料搬入計画（主活動）**によって決められます。したがって、**「どこから買うか（あるいはどこに頼むか）」**が**施工計画会議**

第5章　原価管理　要素別実行予算で品質を確保し利益を上げる

（**主活動と支援活動**）**の議題**になります。**外注方針**もしくは**購買方針**を**話し合**います。

（2）購買方針

　建設事業の材料には、コンクリート、鋼材、木材などの**原材料**と住宅設備機器や内装建材などの**完成品**があります。原材料の高騰という時代的な背景があり、**材料コストを低減できる分野の選定**や**削減手法の策定**が**急務**となっています。「**発注計画**」は、購買量に応じた**価格の適正化**が図りにくいのが**課題**です。「**調達と管理（保管を含む）**」は、同じ購買品目に対しても顧客のニーズにより取引先数が多く、品目別に**取引量や取引単価**を管理しにくいことが**課題**です。

　購買条件の適正化を図るには、購買活動における計画から実施までのプロセスから、**早期**に複数の資材メーカーに**見積り**を依頼し、資材メーカーを**決定**することです。**支援活動**では、各作業所が連携して資材購入に取り組む**主活動を指導**し、あるべき**購買プロセス**を**設計**します。すべての作業現場で購買条件が適用されるように現場代理人を支援することが大切です。

購買方針「どこから買うか（あるいはどこに頼むか）」の選定基準

1	早期の購買仕様の確認と交渉
2	納期管理、納品検査、不適合品の管理
3	資材メーカーの見直し（再評価）

↓ 購買方針

現場代理人は工事原価管理が十分に機能し、施工管理できる資材メーカーと契約

（3）「集中購買」と「分散購買」

　工事原価管理では、施工計画会議で建設資材の購買のやり方を変更することにより、現場代理人が工事原価に占める材料費を削減することができます。購買方法は「**集中購買方式**」「**分散購買方式**」の二つに大別できます。具体的に説明します。

5.3 「外注方針」「購買方針」を作成して利益を上げる

	集中購買方式と分散購買方式の特徴	
項目	集中購買方式	分散購買方式
資材の種類・対象	◎ 生コン、塩ビ管、鉄材などの規格品、標準品など共通に使用される資材 ◎ 土木資材の二次製品などの集中購買により価格や納期が有利になる資材 ◎ 建築資材で高額な資材や発注金額の高い資材、輸入資材 ◎ 高度な技術的知識を要する重要資材	◎ 型枠資材などの低額な資材や発注金額の安い資材 ◎ 特注の資材など ◎ 左記以外のもの
メリット	◎ 建設会社の購買方針の徹底化と計画的な購買が可能になります。 ◎ 大量に購入するため価格の取引条件が有利になり、予算単価の標準化や単純化、購買費用の削減が推進しやすくなります。 ◎ 効率的な在庫管理で、作業現場の在庫量を減らすことが可能となります。 ◎ 発注、督促、検査、受入などの購買手続きや業務をまとめてできます。輸入品などの複雑な手続きにも有利です。	◎ 自主的に購買でき、作業現場の特殊な要求が満たすことが可能です。 ◎ 実施工程に合わせやすく、緊急な需要にも対応できます。 ◎ 資材の購買手続きが簡単で短期間にできます。 ◎ 購買先が近い場合、好意的な関係が築かれ、運搬費用やサービスが有利になります。
デメリット	◎ コストダウン優先で、作業現場での購買の自主性がなくなり、現場代理人は現場条件や下請人の状況に応じた納品が難しくなります。 ◎ 作業現場の在庫管理状況がわかりにくく、緊急の場合、納期に間に合わない場合があります。 ◎ 現場代理人の工事原価管理面の意識は低下します。	◎ 本社の資材方針と違ったり、購入単価が高くなる場合があります。 ◎ 遠方の仕入先では適材を取得するのが難しくなります。 ◎ 施工状況を優先した購入方法になるので、工事原価管理面の意識は低下します。

5

原価管理　要素別実行予算で品質を確保し利益を上げる

「**集中購買方式**」とは、**本社の購買ノウハウで必要な資材を集中して購買する**ことです。「**分散購買方式**」とは、**各作業現場が小回りを利かせて必要な資材を購買する**ことです。バリューチェーン・マネジメントでは、集中購買は支援活動、分散購買は主活動になります。

　基本的には改装費、修繕費などの汎用性の高い総務系の調達に関しても、「分散購買方式」を改め「集中購買方式」を実施することでコストを削減できます。

145

第5章　原価管理　要素別実行予算で品質を確保し利益を上げる

「**集中購買方式**」**のメリット**は、**スケールメリットを活かした値引き交渉**が可能なことで、利用量に即して後述する差異（「5.5　コスト削減に必要な予算差異、操業度差異、能率差異の分析で利益を上げる」参照）への対応を図るべきです。

「**分散購買方式**」では、無駄な資材待ちの時間は極力廃し、施工の工程に**タイミングよく誤りなく商品を配送、商品のクレームにいち早く対応**できます。ただし、「**分散購買方式**」は現場対応力で**仕入先を選別**する必要があります。

建設会社の**支援活動**では、資材メーカーの選定・評価で「**購買方針**」**を設定**します。現場代理人の**主活動**では、**工事原価管理がしやすい資材購入方法を選定し、資材メーカーと契約**を交わします。

材料費の低減を図るため、「**集中購買方式**」「**分散購買方式**」のどちらを採用するかの判断は、作業現場の状況に応じて、それぞれの**メリット、デメリットを考慮**することです。前頁に集中購買方式と分散購買方式の特徴を一覧表にまとめました。資材の種類によっても購買方式を改める必要があります。現場代理人が支援活動のアドバイスを受けて、購買方針を決定します。

5.3.2　外注費の管理は外注方針と支払管理が基本

（1）外注方針

外注方針から考えてみます。ISO9000Sの購買要求事項の品質は、「供給者は、購買品が規定要求事項に適合することを確実にするための手順を文書に定め、維持すること」と規定されています。このことから外注において要求される品質は、「工事原価管理が実施できる下請負契約の条件として、下請負契約者を評価し選定すること」と判断できます。

つまり、下請業者を評価・選定できる「**外注契約システム**」を作り、それにより、現場代理人が**工事原価を管理**できる**下請負事業者**を**選定**、**下請負契約を交わす**ことになります。

（2）外注方針の決定

以下の手順で外注方針を作成して、下請業者を決めます。

① **下請業者数社と**工程計画に基づく**作業内容や施工方法の打合せ**を行います。

② **下請業者数社に見積りを依頼**し、**徴収**します。

③ **協力業者各社と交渉**し、その結果を**外注方針**としてまとめ、**社内稟議**にか

5.3 「外注方針」「購買方針」を作成して利益を上げる

けて、**下請業者を決定**します。

(3) 支払管理の順序

　支払管理とは、現場代理人が工事の進捗状況に基づいて出来高を算出し、その**出来高に応じた下請業者への支払金額を決定すること**をいいます。**出来高**とは工事の進捗度合いを金額で換算したもので、**出来形とは工事の進捗度合いを寸法や数量で表したもの**です。

① **出来高査定**および**出来高調書の作成**

　出来高には「**請負出来高**」「**実行予算出来高**」「**下請業者出来高**」があります。「**請負出来高**」は**出来高報告や取下金管理**に用います。取下金管理とは、元請業者が発注者から受け取る前受け金や出来高払いを管理することです。「**実行予算出来高**」は、**計画と実施の比較**に用います。「**下請業者出来高**」は**下請業者への支払金額の査定**に用います。出来高査定により出来高調書を作成し、発注者に出来高を報告するとともに取下金を受け取ります。

② **支払金額の決定**

　現場代理人は、下請人から請求書を受けた時点で、出来高調書の「下請業者出来高」（下請人が担当する工事の出来高）により、通常月末に**下請人へ支払う金額を決定**します。社内の担当部署の承認を得たのち、支払金額を決定し、支払処理が行われます。下請業者出来高で**既契約以外に支払いが発生した場合**、現場代理人は監督職員との段階確認、報告・協議を経て**変更設計**を行います。その契約金額で**下請人と適切な変更契約を締結**し、**支払金額の変更を決定**します。

5

原価管理　要素別実行予算で品質を確保し利益を上げる

147

第 5 章　原価管理　要素別実行予算で品質を確保し利益を上げる

5.4　労務費と機械経費の管理を理解して利益を上げる

　バリューチェーン・マネジメントにおける労務費と機械経費の管理は、最適な作業時間を検討することから始まります。現場代理人は主活動において、「**作業の種類、稼働率**」「**建設機械の種類、作業員の人数、作業効率**」「**季節、天気・天候**」「**資材の調達状況**」「**現場の施工環境（地質、地形、水、施工方法）**」の諸条件を考慮して、利益を生み出すよう**1 日の作業時間、1 日の出来高**を決めます。

　主活動では、工事の各工種に注目して、この工種は何日あれば作業が終了できるのか、最も確率の高い**適切な日数を決定**します。**支援活動**では、天気・天候によって作業できない日数や季節による作業可能時間を見込んで、**施工期間を決めます**。これが粗利益を確保するポイントと言えます。

（1）労務費と機械経費

　労務費とは、工事に従事した**直接雇用の作業員**に対する**賃金**や**給与手当**などをいいます。建設業では工事の完成を約する契約で、工種別等により労務費は決められています。したがって、工程に応じた**1 日当たりの出来高が重要**になります。

　機械経費とは、工事を施工するに必要な**機械の使用に要する経費**をいいます。建設機械施工の 1 日平均施工量を算定するため、建設機械の施工量を見積る必要があります。**建設機械の 1 時間当たりの施工量**を**施工速度**といい、「**平均施工速度**」「**最大施工速度**」「**正常施工速度**」の 3 基準で検討します。

施工速度	
平均施工速度	平均施工速度とは、一般的な施工計画で使用する建設機械の平均施工速度をいいます。建設機械の故障・設計変更・材料待ち・悪天候など工事中に起こる偶発的損失時間を考慮しています。
最大施工速度	建設機械に期待できる 1 時間当たりの最大の施工量。すなわち理想的好条件で、一切の損失を考慮しない状態の施工速度。メーカー発表のカタログ上の速度がこれにあたり、機械単体の性能評価に用います。
正常施工速度	正常施工速度とは、施工における建設機械の能力の比較や、組み合わせを考慮する場合などに使用します。建設機械の最大施工速度を、建設機械の一定の運転時間に対し、通常必要とする給油・整備・修理のための正常損失時間を修正した施工速度です。

148

5.4 労務費と機械経費の管理を理解して利益を上げる

（2）労務費と機械経費の削減に必要な作業管理指標の算定

作業量を見積るには、**作業効率の向上**と**稼働率の向上**に留意した施工計画を立てることが大切です。作業効率と稼働率の管理指標をより小さくするように計画します。作業効率の向上には、「**作業時間の効率化**」「**作業量の能率化**」の管理指標があります。

労務費と機械経費の削減に必要な作業管理指標		
① 作業時間の 効率化	算定式	作業時間効率＝実作業工程／標準工程
	対　策	◎ 3S「整理」「整頓」「清掃」による資材の調達状況に配慮した段取り不足の解消、手待ち時間の最小化 ◎ 発注者、資材メーカーと連絡を密にして指示の遅れ、指示のミスなどを回避し、手戻り時間を排除 ◎ 工種の作業条件に合った建設機械の種類や作業者の組み合わせの最適化 ◎ 作業場の雰囲気づくりによる作業員やオペレーターの労働意欲の向上
② 作業量の 能率化	算定式	作業量能率＝実作業量／標準作業量
	対　策	◎ 3S「整理」「整頓」「清掃」による作業環境の維持と資材の調達状況を考慮した施工段取りの適正化 ◎ 地質、地形、水状況に適合した建設機械の適切な時期（季節、天気・天候）での配置と施工方法の選択 ◎ 技能者、オペレーターに求められる適切な教育・訓練の充実
③ 稼働率の 向上	算定式	稼働率＝施工時間／作業時間
	対　策	◎ 3S「整理」「整頓」「清掃」による手配ミス、不安全行動による労働災害の排除 ◎ 地形・地質・水状況、天候などの不安全状態の減少により天災不可抗力要因の最小化 ◎ 建設機械の故障を排除する点検体制の充実 ◎ 作業員の健康、経験、年齢などに配慮した配置、人工数と施工方法の選択 ◎ 外注先の契約不履行を防ぐ施工体制の充実

第5章　原価管理　要素別実行予算で品質を確保し利益を上げる

（3）重機の省エネ施工

　次に経費の削減策ならびに環境対策として、重機メーカーがセミナーも開いて奨励している施工法を紹介します。最近の建設機械には省エネ機能が付いています。この**省エネ機能を有効に活用**しながら**作業能率・バケット満杯率の向上**を図り、**効率的に作業を行う**ことが、**軽油対策**となります。

1）省エネ機能の活用
　◎Ｅモードの活用
　　作業はエンジン回転を抑えるＥモードを使用します。走行も燃料調整ダイヤルを1/3絞って移動します。時間当たりの燃料が約4〜8％節約できます。
　◎オートデセル機能の活用
　　アイドリング時の燃費を制御して低減するオートデセル機能をオンにするか、アイドリングストップを行ってください。
　◎エコゲージの活用
　　エコゲージは、運転中の瞬間燃料消費率を表示する機能です。ゲージの緑の範囲で作業を行うことにより、燃料消費率がよい運転が可能です。赤の範囲にならないように作業を行ってください。
　◎走行変速機の活用
　　作業場への移動で長距離走行を行う場合は、走行変速機を高速段にしてエンジン回転数を抑えます。エンジン回転数を10％下げて走行するだけで約25％燃料低減が図れます。

2）作業能率・バケット満杯率の向上
　◎最大掘削力での作業
　　ブームとアームが直角の位置のときが、最大の掘削力を発揮します。90度±45度が最適範囲です。
　◎満杯率を稼ぐ掘削要領
　　・思い切ったレバー操作をします。
　　・ツース（バケットのツメ）を貫入・掘削したい方向に向けます。
　　・バケットを波打たせる、ブーム上げで逃がします。
　　・食い込み深さ2/3以上で見切ります。

5.4 労務費と機械経費の管理を理解して利益を上げる

3）効率的作業の実施

エネルギーの有効活用を図るために、「**ムダ・ムラ・ムリ**」の「**3ム**」**を削減**して、効率のよい運転を心掛けることが大切です。

◎**ムダの削減**

・エンジン始動と停止時を除いて、可能な限り**アイドリングストップ**を心掛けます。

◎**ムラの削減**

・旋回しながらブームとアームを上げるなど複合動作を行います。

・重機から遠いところでは力が出ません。一方、作業機の手前近くでは運転が複雑になります。適正な位置で掘削作業を行います。

・旋回角度はできるだけ小さくします。

・深さがある場合、2段掘削とします。

・ベンチ高さはダンプのあおりと同じくらい、排土は近くで行います。

・効率よい工法（下方掘削、バックホウローディング）で、**サイクルタイムを短縮**することが、省エネ運転につながります。

◎**ムリの削減**

・速やかに油圧リリーフは回避してください。油圧リリーフ回避で年間400Lの節約となります。

・定期点検・日常点検をこまめに行い、機械をよい状態に維持してください。摩耗したツースは速やかに交換します。汚れたフィルタエレメントは清掃、交換します（燃料フィルタ500時間、エアクリーナーエレメントはダストインジケータの赤色サインが目安）。ケース油量レベルはH〜Lレベルを確保してください。

5

原価管理 要素別実行予算で品質を確保し利益を上げる

151

第 5 章　原価管理　要素別実行予算で品質を確保し利益を上げる

5.5　コスト削減に必要な予算差異、操業度差異、能率差異の分析で利益を上げる

　建設業のバリューチェーン・マネジメントでは、工事を工種ごとに分類し、どの部分（工種）で利益が生み出されているかを検討します。

　支援活動では、発注内容から**下請人の力量**や**資材の状況を比較**してどの工種で利益が上がるか下がるかを分析する**差異分析**が必要です。

　主活動では、施工内容を**変動費**と**固定費**に**分類**し、**標準操業度と実際操業度**を**管理**する**差異分析**が大切です。

（1）利益を上げるには差異分析を理解する

　経費の差異には、「**予算差異**」「**操業度差異**」「**能率差異**」の三つがあります。標準原価計算では、共通仮設費を「**標準配賦率**」で配賦しています。材料費や労務費なら単価、数量、時給、時間などがわかりやすいのですが、共通仮設費は工種による比率ですから、どこから求められた金額なのかすぐにはわかりません。**現場代理人**は、作業員や重機などを 100％稼動させた状態でどれぐらいの費用が掛かるかを見積もり、**経費を変動費と固定費に分類**します。

　固定費とはどれだけ稼動させようが、その費用の額は変動しないものをいいます。逆に、**変動費は操業度（施工の良否）に応じて費用が増加するもの**をいいます。**作業員や重機などを 100％稼働させたときに要する時間を「基準時間」**といいますが、それぞれ変動費、固定費を基準時間で割ります。そうすると、時間あたりの変動費と固定費が出ます。この**時間当たりの変動費と固定費の合計**を「**標準配賦率**」といいます。

1）予算差異

　予算差異とは、実際操業度において共通仮設費を**浪費（不利差異）または節約（有利差異）したことによって発生する差異**です。**予算許容額（予算単価）と実際発生額（発生単価）との差額**として計算されます。

予算差異＝予算許容額（予算単価）－実際発生額（発生単価）

予算許容額（予算単価）：変動費率×実際操業度＋固定費

　予算差異は現場代理人の主活動と建設企業の支援活動の結果です。

5.5 コスト削減に必要な予算差異、操業度差異、能率差異の分析で利益を上げる

2）操業度差異

操業度差異とは、現場代理人の工程管理により、実際操業度（発生原価）が基準操業度（予算原価）を下回り（または上回り）、**共通仮設費の金額に配賦不足（または超過）が発生すること**をいいます。変動費は操業度（現場代理人の施工管理能力）により変動しますが、固定費は変動しません。しかし、固定費も固定費率とすれば標準配賦率により配賦できます。これでは、操業度100％にならない限り差が出てしまいます。この操業度による差異を「操業度差異」といいます。操業度差異は、現場代理人の施工管理能力です。

操業度差異＝（実際操業度（発生原価）－基準操業度（予算原価））×固定費率

操業差異は現場代理人の主活動の結果です。

3）能率差異

能率差異とは、ある工種の出来高を得るに**必要な計画時間**（計画数量×標準操業度＝計画実働日数×投入人数）**と実際に要した時間**（実績出来形数量×標準操業度＝出来高日数×投入人数）**の施工効率の差異**をいいます。能率差異は、変動費からも固定費からも発生し、変動費能率差異と固定費能率差異の二つの差異を合計した金額です。したがって、**標準操業度から実際操業度を引いた値に標準配賦率を掛けた金額**となります。

変動費能率差異＝（標準操業度－実際操業度）×変動費率
固定費能率差異＝（標準操業度－実際操業度）×固定費率
よって、能率差異＝（標準操業度－実際操業度）×標準配賦率

能率差異は現場代理人の主活動の結果です。

（2）労務費、材料費の差異はボックス図、
　　　経費の差異はシュラッター図で管理する

標準原価計算とは、原価管理を行うために工夫された原価計算の手法で、差異分析の計算に使用されます。**工事原価の差異分析**は、**ボックス図**や**シュラッター図**を作成すれば**理解しやすい**でしょう。

1）労務費の標準原価計算ボックス図

労務費差異は、縦軸に賃率（賃金）、横軸に作業時間を記入すると以下のボックス図となります。ボックス図は、縦軸（賃率）、横軸（作業時間）ともに計

5

原価管理　要素別実行予算で品質を確保し利益を上げる

153

画データ、実際データを記入します。**予算原価**と**賃率差異**、**時間差異**を**面積**で区別して、**賃率と作業時間**の関係で**利益（不利益）**を「**見える化**」します。

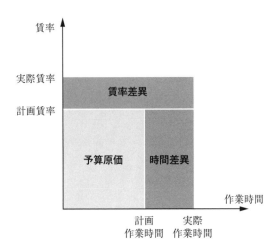

2) 材料費の標準原価計算ボックス図

　材料費差異も労務費差異と同じようにボックス図で理解できますが、縦軸には賃率（賃金）の代わりに材料の単価、横軸には作業時間の代わりに数量を記入すると以下のボックス図となります。**予算原価**と**価格差異**、**数量差異**を**面積**で区別して、**単価と数量**の関係で**利益（不利益）**を「**見える化**」します。

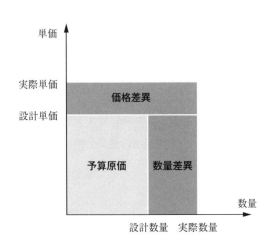

3）経費の標準原価計算シュラッター図

「原価管理情報」「工事作業日報」から、**予算差異**や**操業度差異、能率差異**が**有利差異なのか不利差異なのか**を判断するには、個別原価計算の製造間接費の差異分析に使われる公式法変動予算で、**シュラッター図**を描きます。

公式法変動予算とは、**経費の予算を操業度に比例して発生する変動費**（発生が一定率）**とそうでない固定費**（発生が一定額）**に分解して予算を立てる方法**です。縦軸には経費の金額、横軸には作業時間を記入し、予算単価（◎）と発生単価（●）を落とし、**予算差異、操業度差異、能率差異**を区別して、**経費と作業時間**の関係で**利益（不利益）**を「**見える化**」します。以下は公式法変動予算によるシュラッター図となります。

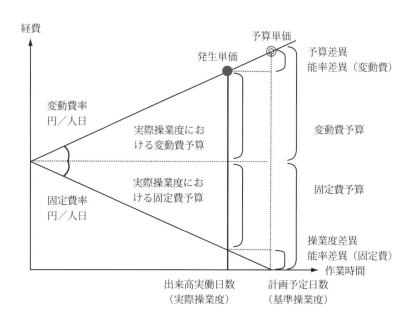

第 5 章　原価管理　要素別実行予算で品質を確保し利益を上げる

5.6　収支管理で利益を上げる

　工事を効率的・効果的に実施するには、最終的に**バリューチェーン・マネジメントの収支管理を行う支援活動組織**の存在が重要です。それはその組織が技術本部的な機能を持っているからです。**支援活動としての収支管理**とは、工事の進捗状況に基づいて**出来高の費用を集計**し、その結果をもとに**実行予算から出来高を差し引いて**、収支を管理することです。**現場代理人の主活動**により把握する「**日々の損益**」から、**材料、労務、外注、経費の 4 要素の原価実績で差異分析を行い**ます。差異分析から原因が究明し、**利益確保の是正措置を検討**、残工事の支出予測を立て「**効率的段取り**」を実施できるように**現場代理人に指示**します。**バリューチェーン・マネジメントの収支管理を行う**には「**売上総利益（工事総利益）**」を**算定**します。一般的な手順を次に説明します。

（1）工事費の集計

　工事費の集計は**工事費集計表の作成**からはじめます。工事費集計表では、**実行予算**に対する**実際の支出金**を、**材料費、労務費、外注費、機械費、経費別に集計**します。

　工事費の集計では、支出金を既払金として扱います。支出金には、外注費など出来高で確定はしているが、経理上の支払処理が未完了のため、既払いに計上されていない未払金も含まれます。買戻し契約が取り交わされている材料費などの戻入金の合計は、支出金として集計します。

　この**工事費集計表を作成**することが、**実行予算と実績金額を差異分析**です。**現場代理人の主活動**では、残工事の予測に基づいて**最終予想原価を算出**し、**工事原価管理**を行います。**工事費の集計**は、外注費の出来高査定の頻度にあわせて実施されますから、**最低でも月に一度**実施されるのが一般的です。

（2）施工済み工事出来高と残工事は設計変更対象かの判断

　残工事費の予測の段階で、**施工済み工事出来高と残工事で算出された費用が請負契約内の工事か請負契約外の工事か（支払いの有無）**を、現場代理人は評価しなくてはなりません。でなければ粗利益は予測できません。**設計変更の対象となる工事**かは、**監督職員との協議内容の有無や手続きの妥当性から明確に**

5.6 収支管理で利益を上げる

しておく必要があります。現場代理人は**いかに設計変更協議が大切か**を認識しておく必要があります。

　設計変更の対象となる工種は、発注者内部との手続きで、往々にして**金額が未確定**です。結果、現場代理人は、工事費集計表の作成が遅れ、残工事での適切な原価管理が行われないことが多々あります。**設計変更金額が未確定の場合**でも、現場代人は**原価管理**を行うことができます。ポイントを説明します。

　設計変更金額が未確定であっても**当初の実行予算と出来高管理結果を基本に粗利益を算出**しておきます。民間工事の場合、該当工事が既契約工事か未契約工事かを明確に区分し、未契約工事分は速やかに工事費集計表を作成し協議を進めます。残工事は契約どおり適切に管理を行うことが大事です。

　残工事は、支払金予測を行い出来高管理することが必要です。未契約の残工事は分別して残工事の工事費集計表を作成します。すなわち、設計変更金額の決定の有無にかかわらず、計画した実行予算の工事費で必要となる支出額を管理することが大切です。

　現場代理人は、工事の進捗状況に応じて、出来高や支払実績をもとに戻入金や残工事費を予測し、工種ごとの支出を見積ります。そして、予測結果を集計することで、**最終的な支出金額を予想**し、**営業所の管理者に報告**します。**バリューチェーン・マネジメントによる原価管理**とは、工事終了までにかかる費用の合計である最終予想原価を算出し、**早めに予算と実績の差異を算出する**ことです。**支援活動で元請の建設会社**は全社で**粗利益額確保の対策を立て、主活動で現場代理人**はその指示に従い**原価低減に向けて努力**することが重要です。

　したがって、先行工事実行予算をいかに早期に作成するかが大切です。**バリューチェーン・マネジメント**は、予算額と最終予想原価との**差異を評価**し、**原価管理で利益確保に向け取り組みます**。粗利益予想は下記の計算式で行います。

　粗利益額＝（既契約工事における請負金額－既契約分の最終予想原価）
　　　　　　＋（設計変更見込額－先行工事の最終予想原価）

　現場代理人の主活動で大切なことは、**適切な利益を確保**することです。そのためには、発注者の監督職員と設計変更の協議を行い、**妥当な金額を獲得する**ことも現場代理人としての重要な要素であると認識すべきです。

　現場代理人が備えるべき素養とは、施工管理に邁進し、可能な限り速やかに

5

原価管理　要素別実行予算で品質を確保し利益を上げる

第5章　原価管理　要素別実行予算で品質を確保し利益を上げる

工種ごとの「**日々の損益**」と設計変更金額の見込み額を予想し、「**効率的段取り**」を実施できることです。その結果、粗利益額の予測精度を高め、「**売上総利益（工事総利益）**」を確保することが可能となります。

5.7　設計変更は工事請負契約の原則を理解して利益を上げる

　建設業のバリューチェーン・マネジメントでは、建設物を生産するためのさまざまな活動を、入札から引渡しまで工事の流れとなる「主活動」とその主活動をサポートする「支援活動」に分類して管理します。建設会社の経営陣は、個別活動ごとのコストを示して、工事精算を行います。

　現場代理人の主活動では、建設会社の支援活動による指示に基づいて「人」と「モノ」の流れに注目します。資材や原材料などの**「材料費」**、人工（にんく）などの**「労務費」「外注費」**、企業インフラや人材資源管理を含む**「経費（機械、運搬費等を含む）」**などに分類し、**発生原価を求め、粗利益を算定**します。粗利益は、建設業法や仕様書に則って工事精算を行いますが、このとき必要なのが設計変更の知識です。**設計変更**は**「工事請負契約の原則」**に従って実施しなければなりません。

5.7.1　施工方法や作業方法などの変更に必要な設計変更の原則とは

　建設工事は、発注者により事前の計画や調査が慎重に行われ、**工期中みだりに設計変更の必要を生じないよう**になっています。また、みだりに設計変更の必要が生じないように監督職員が十分に注意して工事を監督しています。しかし建設工事には、その性格上**不確定な条件を前提に設計図書を作成**せざるを得ない制約があり、このため**予期し得ない設計変更が発生**するものと認められ、このような原因による設計変更に伴う契約変更については**了承**されます。

　ただ、受注者が発注者（監督職員）と**協議または設計変更を行わず、施工方法や作業方法などを変更**することは「工事請負契約書」「土木工事共通仕様書」「土木工事特別仕様書記載例」「土木工事施工管理基準における規定」の**工事請負契約の原則に反する行為**です。以下にその内容を記載します。

第 5 章　　原価管理　要素別実行予算で品質を確保し利益を上げる

(1) 工事請負契約書における規定

工事請負契約書（最終改正 H23.9.13 付け 23 経第 864 号）
（農林水産事務次官通知）

第 1 条
　発注者及び受注者は、この契約書（頭書を含む。以下同じ。）に基づき、設計図書（別
冊の図面、仕様書、現場説明書及び現場説明に対する質問回答書をいう。以下同じ。）に
従い、日本国の法令を遵守し、この契約（この契約書及び設計図書を内容とする工事の
請負契約をいう。以下同じ。）を履行しなければならない。

(2) 土木工事共通仕様書における規定

土木工事共通仕様書（最終改正 H24.3.30 付け 23 農振第 2702 号）

第 1 － 1 － 30 条「施工管理」
1. 受注者は、施工計画書に示される作業手順に従って施工し、土木工事施工管理基準（最
　終改正平成 23 年 3 月 31 日付 22 農振第 2150 号農村振興局長通知）により施工管理を
　行い、その記録を監督職員に提出しなければならない。
2. 受注者は、本条 1 の施工管理基準及び設計図書に定めのない工種について、監督職員
　と協議のうえ、施工管理を行うものとする。
3. 受注者は、契約図書に適合するよう工事を施工するため、自らの責任において、施工
　管理体制を確立しなければならない。

(3) 土木工事施工管理基準における規定

施工管理の実施
1. 施工管理責任者
　受注者は、土木工事共通仕様書 第 1 編共通編 第 1 章総則 第 1 節総則 1-1-10 主任技術者
等の資格に規定する技術者等と同等以上の資格を有する者を、施工管理責任者に定めな
ければならない。施工管理責任者は、当該工事の施工管理を掌握し、この管理基準に従
い適正な管理を実施しなければならない。
2. 施工管理項目
　施工管理は、別表第 1「直接測定による出来形管理」、別表第 2「撮影記録による出来
形管理」、別表第 3「品質管理」により行うものとする。なお、この管理基準又は特別仕
様書に明示されていない事項及び不明な事項については、監督職員と協議するものとする。
3. 施工管理の実施と提出内容
　施工管理は、契約工期、工作物の出来形及び品質規格の確保が図られるよう、工事の
進行に並行して、速やかに実施し、その結果を監督職員に提出し、確認を受けるものと
する。
　なお、提出様式は別表第 4「施工管理記録様式」を参考に適正な方式を選定するものと
する。
4. 施工管理上の留意点
(1) 完成後に明視できない部分又は完成後に測定困難な部分については、完成後に確認
　できるよう、測定・撮影箇所を増加する等、出来形測定、撮影記録に特に留意するも

のとする。
(2) 完成後に測定できないコンクリート構造物の出来形測定は、監督職員の承諾を得て、型枠建込時の測定値によることができるものとする。
(3) 管理方式が構造図に朱記、併記するものにあっては、規格値を合わせて記載するものとする。
(4) 施工管理の初期段階においては、必要に応じて測定基準にかかわらず測定頻度などを増加するものとする。
(5) 出来形測定及び試験等の測定値が著しく偏向したり、バラツキが大きい場合は、その原因を追求かつ是正し、常に所要の品質規格が得られるように努めるものとする。
5. 検査（完成・既済部分）時の提出内容
受注者は、完成検査、既済部分検査時に、この管理基準に定められた施工管理の結果を提出するものとする。
6. その他
(1) 規格値の上下限を超えた場合は「手直し」を行うものとする。ただし、上限を超えても構造及び機能上、支障ない場合はこの限りでない。
(2) 施工管理の記録は、電子納品対象物である。
(3) 施工管理に要する費用は、受注者の負担とする。

勝手に施工方法や作業方法などを変更することは、**契約違反行為**であることがわかります。設計変更は、企業や技術者による工事原価管理の成果ではありません。

5.7.2 設計変更に必要な知識、設計変更、契約変更、軽微な設計変更とは

施工にあたって、公共工事も民間工事も「工事請負契約の原則」は変わりません。**工事の品質確保**については、請負契約の当事者が**各々の対等な立場**における合意に基づいて、公正な契約を締結し、**信義に従って誠実にこれを履行しなければならない**とされています。（公共工事の品質確保の促進に関する法律第3条第10項を参照）

工事請負契約書第1条を見ていただければわかりますが、発注者と受注者(元請人)は、正式な**工事請負契約書に基づき**、設計図書に従い、建設業法などの法令を遵守し、**締結した契約を履行**しなければなりません。

自然的、人為的な施工条件と実際の工事現場が一致しない場合は、工事請負契約書第18条の「条件変更など」に該当し、設計変更が必要となります。**設計変更に必要な知識に「設計変更」「契約変更」「軽微な設計変更」**などがあり、以下の示すように基本的な手続きが必要です。

第5章　原価管理　要素別実行予算で品質を確保し利益を上げる

① 設計変更

　　設計変更とは、工事請負契約書第18条または第19条の規定により、図面または仕様書を変更することとなる場合において、契約変更の手続きの前に**変更の内容をあらかじめ発注者が受注者に指示すること**をいいます。

② 契約変更

　　契約変更とは、工事請負契約書第23条または第24条の規定により、発注者と受注者が協議し、**工期または請負代金額の変更の契約を締結すること**をいいます。

③ 軽微な設計変更

　　軽微な設計変更とは、**次に掲げるもの以外のもの**をいいます。

　◎ 構造、工法、位置、断面などの変更で重要なもの

　◎ 新工種に係るものまたは単価もしくは一式工事費の変更が予定されるもので、それぞれの変更見込み金額またはこれらの変更見込み金額の合計額が請負代金額の20%（概算数量発注に係るものについては25%）を超えるもの

5.7.3　設計変更（条件変更など）の手順と留意事項とは

　現場代理人は、監督職員に設計変更箇所を報告し、発注者・受注者間の工事打合せ簿などで変更箇所を確認できるよう、**変更事項を整理**します。そして元請人、下請人ともに工事内容や工期変更などの周知徹底を図ります。現場代理人は、設計図書の内容（図面、設計書）や工期について全体をチェックして、**上司に早めに報告**し、監督職員との協議内容の指示を仰ぎます。

　現場代理人は、設計図書と現場の不一致はないか早めに施工業者と確認して、手戻りがないよう設計図に、**変更箇所（赤）、既設計（黄）**を示し、**数量表も整理**しておきます。予算措置、工事原価の算出は、段取りに日数を要する場合があるからです。

　以下に設計変更（条件変更など）に関する留意事項と手順を説明します。

（1）設計変更の手順

1）受注者が行う設計変更の手順

【設計変更の確認請求】

　受注者は、工事の施工にあたり、**設計図書などと現場が不一致**であったり、

設計図書などに記載された事項が**不明確**であったりするなどの、以下の事実を発見したときは、その旨を**監督職員に通知**し、**設計変更の確認を請求**しなければなりません。

① **図面、仕様書、現場説明書などに一致しないことがある**場合

（第 18 条第 1 項の 1）

② 契約した**設計図書に誤りや漏れがある**場合

（第 18 条第 1 項の 2）

例）工事を施工するうえで必要な材料名や工種が図面ごとに一致しない場合

例）建築の基礎伏図と杭打設位置、電気設備や機械設備の各分野の設計内容が互いに整合していない場合

③ **契約した設計図書の表示が明確でない**場合

（第 18 条第 1 項の 3）

例）詳細設計で図面の記載内容が読み取れない場合

④ 設計図書に示された**自然的・人為的な施工条件**と**実際の工事現場が一致しない**場合（第 18 条第 1 項の 4）

例）設計図書に明示された想定支持地盤と実際の工事現場が大きく異なる事実が判明した場合

例）施工中に設計図書に示されていないアスベスト含有建材などの有害物発見し、調査および撤去が必要となった場合

例）設計図書に明示されたガスや電気などの配管・配線などの埋設物が、実際の施工にあたり、工事現場における配管・配線などが大きく異なる事実が判明した場合

⑤ 設計図書で明示されていない施工条件について**予期することのできない特別な状態が生じた**場合（第 18 条第 1 項の 5）

例）施工中に地中障害物、埋蔵文化財を発見し、撤去、調査が必要となった場合

【受注者の設計変更の手順】

受注者は、上述のように工事請負契約書第 18 条第 1 項に該当する設計変更の対象となる事実を発見したときは、以下の手順に従って設計変更を行ってください。

第5章　原価管理　要素別実行予算で品質を確保し利益を上げる

① 設計変更の対象となる該当する事実を発見したときは、**書面により監督職員に通知**し確認を求めます。下請契約の場合も、二次下請人が一次下請人に、一次下請人が元請人に通知します。

② 受注者は、**設計図書などに疑義が生じた際**には、**監督職員（発注者）と協議**します。発注者は、協議内容によっては各種検討・関係機関との調整が必要となります。受注者の意見を聴いたうえで回答までの期間を延長せざるを得ない場合もあります。そのため受注者はその協議すべき事実が判明し次第、できるだけ**早い段階で協議すること**が**重要**です。

③ 受注者は指示書・協議書などの**書面による回答を得て**から、下請人に指示し、**施工に着手**します。

2）発注者が行う設計変更の手順
【設計変更の判断】

発注者は、次頁の図で示すとおり、工事内容の条件変更（工事請負契約書第18条）により、設計変更（工事請負契約書第19条）が可能なケースか、工事の中止（工事請負契約書第20条）に該当するかを判断します。

① 設計図書の変更（工事請負契約書第19条）に該当

発注者が「賃金または物価の変動により契約上の規定に該当する工事内容が不適当となった場合」「天災、天候の不良など、その他不可抗力による損害が発生した場合」など、条件変更などに伴う設計変更が必要と認めた場合です。

受注者から報告があり、**設計図書を変更**しようとする場合、発注者は新たな**契約用の設計図書を作成**し、受注者と「**工期の変更**」や「**請負代金額の変更**」を協議します（工事請負契約書第23条、第24条）。その場合、発注者は予定している追加工事がある場合には、その内容をあらかじめ設計図書で受注者に示すのが望ましいとされています。

② 工事の中止（工事請負契約書第20条）に該当

受注者の責めに帰すことができない**自然的・人為的事象**により、**受注者が工事を施工できないと認められる場合**は、発注者は工事の全部または一部の施工を一時中止させなければなりません。また、その必要があると認められるときには工期を延長し、**受注者が一時中止に伴う増加費用を必要**としたとき、**発注者はその費用を負担**しなければなりません。

5.7 設計変更は工事請負契約の原則を理解して利益を上げる

　工事請負契約書第20条（工事中止に伴うもの）にかかわらず、受注者は工事請負契約書第21条（受注者の請求による工期の延長）にもとづいて、工期の延長変更を請求することもできます。また、天災などの不可抗力により、引渡前に工事目的物や仮設物その他に損害が生じたときの手続きは、工事請負契約書第29条（不可抗力による損害）その他を参照するのがよいでしょう。
　具体的な「工事の設計変更と契約成立への流れ」を以下の図に示します。

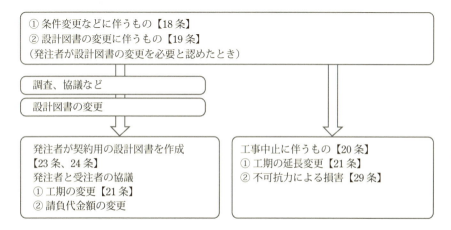

＊軽微な設計変更に伴うものは、工期の末（国庫債務負担行為に基づく工事にあっては、各会計年度の末や工期の末）に行います。

【発注者の設計変更の手順】
　発注者は、受注者から工事請負契約書第18条第1項に該当する設計変更の対象となる事実の通知を受けましたら、以下の手順に従って設計変更を行います。
　① 発注者は工事請負契約書第18条第2項に基づく**調査**を行った場合、第3項によりその**結果**を取りまとめ、**調査の終了後14日以内に受注者に通知**します。
　② 発注者は内部の関係部局との調整後、受注者に対して速やかに**書面による指示または協議**などを行います。基礎設計の考え方や設計条件を再確

認して、**設計変更の必要性を明確**にします。

③ 発注者は、**工事の変更見込金額が請負代金額の 30％を超える工事**（現に施工中の工事と分離して施工することが著しく困難なものを除く）は、**原則として別途の契約**とします。

④ 設計変更に伴う**契約変更の手続き**は、その必要が生じたら**遅滞なく**行います。ただし、軽微な設計変更に伴うものは、工期の末（公共工事の国庫債務負担行為に基づく工事などは、各会計年度の末か工期の末）に行います。

⑤ 一つの工事現場において、**複数の契約に基づく工事が実施される場合**には、一工事の設計変更を行う際には、**関連するその他の工事の設計変更**についても**検討して全体工事の金額を把握**しておきます。

（2）設計変更が不可能なケース

下記の場合においては、原則として設計変更には該当しません。ただし、工事請負契約書第 26 条（臨機の措置）による対応の場合はこの限りではありません。

◎ 設計図書に定めのない事項において、発注者と「協議」を行わなわず、発注者からの「指示」などもない状況で、**受注者が独自に判断して施工を実施**した場合
◎ 工事請負契約書第 18 条〜 24 条、公共建築工事標準仕様書 1.1.8 〜 1.1.10 に定められている**所定の手続きを経ていない**場合
◎ 公共建築工事標準仕様書の各章に規定されている**監督職員の承諾、指示、協議など（書面によることを原則とする）を踏まえないで施工を実施**した場合

具体的には以下に示すような場合は「条件変更による設計変更が可能なケース」に該当しません。「軽微な設計変更」ではなく工事請負契約に違反する**完全な違法行為**です。**法に基づいて処分**されますので注意してください。

① **監督職員との協議や指示がなく、発注された設計図書に示された施工方法や作業方法**を、受注者が独自にエネルギーの効率的利用などとして、**勝手に変更**する

◎ 受注者が監督職員の指示もないのに、**使用機械を大型化**するなど燃料消費の少ない施工方法や作業方法を採用しエネルギー消費を抑えること

◎ 受注者が監督職員と協議することなく、建設現場の作業規模に応じて**建設機械などの種類や規格を変更**してエネルギー消費を抑えること

5.7　設計変更は工事請負契約の原則を理解して利益を上げる

◎ 受注者が監督職員と協議することなく、設計書で示された**運搬計画を見直し**、エネルギー消費の少ない運搬距離に短縮すること

② **受注者が仕様書や条例、物品等の調達に係る方針などに従わず、独自に基準を作成**すること。契約時に**設計図書に従わない材料承諾願いの物品リストを作成**すること。施工中に**監督職員の承諾や検査を得ないで、資材を購入し使用**すること

　　◎ 仕様書や指針、設計図書に従わず、監督職員と協議もせず、生コンクリートの打設は、気温や湿度、天候、季節に左右されるとし、最適時期に施工するよう**作業工程を変更**したり、設計図書とは**異なる高炉セメント、エコセメント、再生素材を使用**したりすること

　　◎ 監督職員と協議せずに、**仮設材などを再利用**し、長期有効利用できるようにしたり、発生した**残余資材を勝手に再使用**したりすること

　　◎ 建設現場などにおける**化学物質**による健康被害を防ぐために、仕様書や指針、設計図書に従わず、監督職員との協議も行わず、**必要最小限の使用量とする**こと

　　◎ 施工管理の出来型管理計画時に、**設計基準に上乗せした自主基準を設けて**、設計書の発注数量より、生コンクリートやアスファルト・コンクリートの廃棄を抑制、建設現場などで発生する**建設副産物と残余資材の再利用率向上のため工夫**すること

　　◎ 監督職員と協議なしに施工方法や**作業方法、プロセスや機械設備**（濁水の回収・再利用など）**を見直し**、水質汚濁の少ない方法に変更すること

　　◎ 監督職員と協議なしに設計図書に従わず、材料承諾も得ずに、**塩素系有機溶剤などの削減、代替物質への転換**、有害性の化学物質の含有量が少ない**建設資材などの購入**を行うこと

　　◎ 仕様書や指針、設計図書に従わず、監督職員とも協議せず、**舗設や植樹の散水に排水を利用**したり、**雨水の浸透升を導入**すること

③ 受注者が独自に、契約時の工程表のアクティビティやアロー、フロートなどを見直して、**契約上の施工期間を短縮**すること。契約時に提出した基本工程表に対し、監督職員の協議や検査・承諾を得ないで、資源の有効利用と称して**実施工程表を変更**し、天候、季節に左右される**同種工事を同時期に施工**し、工事原価削減の視点で最適時期に施工すること。

第5章 原価管理 要素別実行予算で品質を確保し利益を上げる

5.8 利益を上げるには、
バリューチェーン・マネジメントの対応が重要

　バリューチェーン・マネジメントとは、事業活動をそれぞれの機能ごとに分解し、どの部分（機能）で付加価値が生み出されているのか、どの部分に強み・弱みがあるのかを把握することです。**建設会社の支援活動**では、**建設事業の戦略を立**て、工事の種類に応じて**改善の方向を探り**ます。**現場代理人が行う主活動**では、**工事全体（付加価値全体）の利益構造**をどのように**分類して管理**することができるかが課題となります。現場代理人の腕が試されますが、あくまでも建設会社の支援活動とのコラボレーション（共同作業）です。

　利益を上げるには、バリューチェーン・マネジメントの支援活動の充実が重要と考えられます。

① 技術力の活用

　建設会社の支援活動が充実していれば、**施工業者の独自の技術やノウハウを**事前に設計、施工に反映できます。**設計内容や建設関連法を熟知した技術者**が施工を行うように指導し、違反建築物を防ぐことができます。また、支援活動の充実により、現場代理人は主活動で**工期短縮**、**コスト縮減**を図れます（「3.5 建設関連法の罰則」「3.7 違反建築物の是正指導」「5.6 収支管理で利益を上げる」など参照）。

② 外注方針、購買方針の作成

　性能発注であれば具体的な仕様は受注者に委ねられることになります。**発注者が求める性能を確保**するには、**倫理による責任の自覚**と**技技術者の技術力**などによる対応が必要です（「5.3「外注方針」「購買方針」を作成して利益を上げる」参照）。

③ リスクの負担

　施工段階で当初設計と異なる事態が発生した場合は、設計変更で処理することが一般的です。しかし、設計変更という行為はリスクを伴いますから、**負担するリスク**は、契約時点で**契約図書に明記**して、**リスクの分担を明確**にすべきです。

第6章

安全管理
安全施工サイクルで災害を防ぐ

　建設業のバリューチェーン・マネジメントは、企業価値向上の連鎖を図ることです。特に支援活動として、建設会社は**安心して働ける工事現場づくり**を実現することが大切です。建設業法などでは、**安全の確保や健康な心身の維持向上がすべての業務の基盤**という考え方に立ち、労働災害を起こさないようにし、健康づくりに努めることを規定しています。このため、建設業の主活動では、関係諸法令を遵守することはもちろんのこと、コンプライアンスの向上として、**労働災害防止と健康保持増進の施策の検討**と**情報の共有化**を図ります。

6.1　労働安全衛生体制と点検体制の確保

　建設業界では価格競争が激化しており、受注増加と採算性向上を両立させていくことが困難な状況になっています。そのため安全管理については、依然として業界全体のコンプライアンス意識が低い状況にあります。

　工事現場での**現場代理人の責務**は**労働安全衛生体制を確保**することです。**安全管理で差別化**を図るには、**労働安全衛生体制と点検体制を確保**して、施工管理で安全管理の一連の価値を高め、それを**安全パトロールなどで価値の連鎖を強化させていく**ことが大切です。

6.1.1　元請人が守らなければならない
　　　　労働安全衛生体制に関する基本的事項

　労働安全衛生法（以下「安衛法」という）は、職場における**労働者の安全と健康を確保**するとともに、**快適な職場環境の形成**を促進することを目的とする法律です。安衛法は、**安全衛生管理体制、労働者を危険や健康障害から守るための措置、機械や危険物・有害物に関する規制、労働者に対する安全衛生教育、労働者の健康を保持増進するための措置**などについて定め、職場の安全衛生に関する網羅的な法規制を行っています。

169

第 6 章　安全管理　安全施工サイクルで災害を防ぐ

バリューチェーン・マネジメントでは、建設企業の支援活動として、安全衛生教育、健康を保持増進するための措置、施工現場の主活動として、安全施工サイクルなどを実施します。

6.1.2　工事現場の安全衛生管理体制に必要な実施事項

（1）工事現場の安全衛生管理体制

建設工事現場の安全衛生管理体制については、労働災害防止の観点から安衛法などの関係法令が制定されています。建設業者はこれらの法令を守ることはもちろん、人命の尊重と建設業の健全な発展の見地から、法令で定められている以上の安全対策を実施し、快適な職場環境の形成に努めることが必要です。

1）元方事業者が行わなければならない事項

　　（安衛法第 29 条、安衛法第 29 条の 2）

元方事業者とは、一の場所において行う事業の仕事の一部を下請負人に請け負わせているもので、その他の仕事は自らが行う事業者をいいます。元方事業者は、**主活動、支援活動をとおして下請人が法令に違反しないよう指導する**とともに、違反しているときは**是正の指示**を行わなければなりません。また、**下請人が危険な場所で作業をするときは、危険を防止するための措置が適切に**行われるよう、**技術上の指導などの必要な措置**をとらなければなりません。

2）工事現場の安全衛生管理体制

元請人は安全衛生管理を実施する者として、**安全衛生の統括管理**を行う**統括安全衛生責任者を選任**し、**元方安全衛生管理者**を定めます。元方安全衛生管理者は**現場に常駐**し、安衛法第 15 条の 2 や第 30 条第 1 項に規定されている**技術的な安全管理業務を行い**ます。しかし、元方安全衛生管理者は主任技術者、監理技術者と異なり、**ほかの技術者と兼務はできません**。

下請人は統括安全衛生責任者を補佐し、**自社の労働者の安全衛生管理**を実施する者として**安全衛生責任者**を定めます。安全管理体制の細かな説明は次のとおりです。

170

6.1　労働安全衛生体制と点検体制の確保

工事現場に置くべき安全衛生管理者	
◎ トンネルなどの建設、橋梁建設、圧気工法（厚生労働省令規則第18条の2で定められる場所）による作業を行う労働者数が常時30人以上従事する仕事 ◎ 上記に掲げる仕事以外で労働者数が常時50人以上従事する仕事	◎ トンネルなどの建設、橋梁建設、圧気工法（厚生労働省令規則第18条の6～7で定められる場所）による作業を行う労働者数が常時20人以上30人未満従事する仕事 ◎ 上記に掲げる仕事以外（鉄骨、鉄骨鉄筋造りコンクリート建築物）で労働者数が常時20人以上50人未満従事する仕事
統括安全衛生責任者、元方安全衛生管理者の選任（主活動）	**店社安全衛生管理者**の選任（支援活動）
【統括安全衛生責任者の統括管理事項】 （安衛法第15条、施行令第7条、規則第18条の2） 事業者は、安衛法施行令第7条第2項に該当する工事において、労働者の作業が同一の場所において行われることによって生ずる労働災害を防止するため、統括安全衛生責任者を選任し、その者に元方安全衛生管理者の指揮をさせるとともに、統括管理させなければなりません。また**統括安全衛生責任者**は当該場所においてその**工事の実施を統括管理する者（現場代理人など）**と定められています。 【元方安全衛生責任者の選任】 （安衛法第15条の2、規則第18条の3～5） 元方安全衛生責任者は、統括安全衛生責任者の業務の技術事項を管理します。元方安全衛生管理者は、その事業場専属の者から選任しなければなりません。（規則第18条の3）	【店社安全衛生管理者の職務】 （安衛法第15条の3、規則第18条の6～8） ◎ 少なくとも**定期的な作業場所の巡視** ◎ **作業の種類、実施状況の把握** ◎ **協議組織の会議に随時参加** ◎ **仕事の工程計画および作業場所における機械、設備などの設置計画の確認**
【元方安全衛生管理者の資格】 ◎ **理科系統の正規の課程の大学**または**高等専門学校の卒業者で、3年以上建設工事の安全衛生の実務に従事した経験**を有する者 ◎ **理科系統の正規の学科の高校**または**中等教育学校の卒業者で、5年以上建設工事の安全衛生の実務に従事した経験**を有する者 ◎ 上記に掲げる者のほか、厚生労働大臣が定める者	【店社安全衛生管理者の資格】 ◎ **理科系統の正規の課程の大学**または**高等専門学校の卒業者で、3年以上建設工事の安全衛生の実務に従事した経験**を有する者 ◎ **理科系統の正規の学科の高校**または**中等教育学校の卒業者で、5年以上建設工事の安全衛生の実務に従事した経験**を有する者 ◎ **8年以上の建設工事の施工**における**安全衛生の実務に従事した経験**を有する者 ◎ 厚生労働大臣が定める者

6

安全管理　安全施工サイクルで災害を防ぐ

第6章　安全管理　安全施工サイクルで災害を防ぐ

下請人の安全衛生責任者の選任

【安全衛生責任者の職務】（安衛法第 16 条、規則第 19 条）
下請人は「安全衛生責任者」を選任して、その旨を元請人に遅滞なく通報するとともに、以下の定められた職務を行わなければなりません（安衛法第 16 条）。
なお、選任を要しない規模の現場においても、関係請負事業者には、その現場の監督者に対して、安全衛生責任者と同様な職務を行わせるような配慮が必要です。
◎ **統括安全衛生責任者との連絡**
◎ 統括安全衛生責任者からの連絡を受けた事項を**関係者に連絡**
◎ 統括安全衛生責任者からの連絡に係る事項の**実施管理**
◎ **作業工程**および**機械・設備配置計画**など、**統括安全衛生責任者**と**作業手順書作成の調整**
◎ 労働災害に係る**危険の有無の確認**
◎ **傘下下請業者**の安全衛生責任者との**作業連絡および調整**

作業主任者の選任

【作業主任者の選任】（安衛法第 14 条、施行令第 6 条、規則第 16 ～ 18 条）
　事業者は、高圧室内作業その他の**労働災害を防止するための管理を必要とする作業**で、政令（施行令第 6 条）で定めるものについて、**作業主任者を選任**し、その者に当該作業に従事する**労働者の指揮**、その他の**厚生労働省令で定める事項**を行わせなければなりません。作業主任者を選任は、都道府県労働局長の免許を受けた者または都道府県労働局長の登録を受けた者が行う技能講習を終了した者のうちから、厚生労働省令（規則第 16 ～ 18 条）で定めるところにより選任します。

＊ 厚生労働省では、**労働者数が 10 ～ 49 名規模の建設工事現場**（統括安全衛生責任者、店社安全衛生管理者の選任が義務づけられている建設工事現場を除く）に対し、「中規模建設工事現場における安全衛生管理指針」（平成 5 年 3 月 31 日付け基発第 209 号）で、**統括安全衛生責任者**および**元方安全衛生責任者**または**店社安全衛生管理者に準ずる者の選任**を行うよう**安全衛生管理体制**を定めています。

（2）労働災害防止協議会の設置（安衛法第 30 条、規則第 635 条）

　工事を受注した**元請人**は、**すべての下請人が参加する協議組織を設置**し、**定期的に会議を開催**しなければなりません。また**下請人**は、元請人が設置する**協議組織に参加**しなければなりません。工事現場における安全衛生管理組織の基本体制は次頁のとおりです。

6.1　労働安全衛生体制と点検体制の確保

工事現場の安全衛生管理体制

```
                    ┌─────────────────────┐
                    │   労働災害防止協議会   │
                    └─────────────────────┘
        【元請人選任】
┌─┐  ┌─────────────────────┐
│特│  │  統括安全衛生責任者    │ （現場代理人）      ┌──────────┐
│定│  └─────────────────────┘                    │  店社の    │
│元│  【元請人選任】                                │ 安全衛生   │
│方│  ┌─────────────────────┐ （主任技術者       │ パトロール │
│事│  │  元方安全衛生管理者    │  ・監理技術者）     └──────────┘
│業│  └─────────────────────┘
│者│
│ │  ┌─────────────────────┐
│ │  │   元請作業主任者       │
└─┘  └─────────────────────┘
        【専任】
┌─┐  ┌─────────────────────┐               ┌──────────┐
│下│  │ 安全衛生責任者（1次下請）│ （職長）       │元請人、下請人に│
│請│  └─────────────────────┘               │による自主パトロール│
│事│                                          └──────────┘
│業│  ┌─────────────────────┐
│者│  │ 下請作業主任者（1次下請）│
└─┘  └─────────────────────┘
```

　元請人の支援活動は、店社による**安全衛生パトロール**で**安全衛生計画の実施状況を確認**したり、**労働災害防止協議会**で安全衛生の**管理状況を指導**したりします。また、**工事の関係者の主活動**も**定期的に自主パトロールを実施**し、互いの工事現場の労働災害防止協議会による安全衛生実施状況を評価します。以下に、パトロールでチェックすべき点を示します。**安全衛生パトロール、自主パトロール**は、必ず**実施前に目的や内容を明らか**にしてから行ってください。

安全衛生パトロールにおけるチェック事項

チェック事項	内　　　容
① 危険状態と危険行為の指摘と改善	◎ 墜落・転落災害：高さ 2m 未満を含む安全設備の設置状況の確認と是正、安全帯使用の徹底、作業手順の周知と遵守
② 設備・機械などの保安状況	◎ バックホウ災害、玉掛け作業災害、工具類の使用災害など
③ 各職種間の連絡調整状況	◎ 工程に沿った作業の進み具合の確認と問題点の調整 ◎ 後工程の作業との関連から明日以降の実施作業の調整

6

安全管理　安全施工サイクルで災害を防ぐ

173

	◎ 共用機械類（クレーン・エレベーター・建設機械）使用調整 ◎ 共用施設類（足場・作業構台・荷受ステージ・作業通路）使用調整 ◎ 複数職種が競合する作業場所や上下作業の調整 ◎ 立入り禁止区域の決定、措置、表示、監視人の配置など ◎ 作業内容変更時の新しい作業の手順・方法・人員配置・合図方法などの確認と関係者への調整
④ 作業現場の 5S 状況	◎ 作業現場の見える化（安全管理表：安全衛生計画目標、危険個所表示、有資格者表示、安全衛生標語／品質管理表：資材の数量、使用場所、使用日、工程管理表：計画と実績の進捗状況、環境管理表） ◎ 工程を考慮した搬入する資材・機器材、廃棄物の整理整頓状況
⑤ 第三者に対する設備・防災対策状況	◎ 場外への飛来落下災害 ◎ 現場出入口付近でのつまずき転倒、工事車両との接触災害 ◎ 通勤など移動時の交通事故
⑥ 作業者に対する監督状況	◎ 健康状態や年齢などに配慮した適正配置 ◎ 熱中症予防対策の実施、熱中症が疑われる場合の迅速な対応策など

（3）統括安全衛生責任者の選任と建設工事現場における統括安全衛生管理

　前述しましたが、もう少し詳しく**統括安全衛生責任者の職務内容**を説明します。事業者は、統括安全衛生責任者は、施工現場を統括管理する者（現場代理人など）を選任すると定められています。統括安全衛生責任者は、元方安全衛生管理者に指揮をさせて次の事項を確実に実施し、建設現場における統括安全衛生管理の充実を図るものとされています。

　　1）**混在作業による労働災害を防止**するために必要な事項

　　　① **協議組織の設置や運営**

　　　② **作業間の連絡や調整**

　　　③ **作業場所の巡視**

　　　④ **下請負人**が行う**安全衛生教育に対する指導、援助**

　　　⑤ **仕事の工程に関する計画、機械、設備などの配置に関する計画の作成**や機械、設備などを使用する作業に関し**下請負人**が講ずべき**措置についての指導**

　　　⑥ その他、**混在作業による労働災害を防止**するために必要な事項

　　2）**下請人の労働安全衛生法令違反を防止**するための**指導や指示**

　　3）作業場所の**安全確保**についての**下請負人に対する指導**

6.1 労働安全衛生体制と点検体制の確保

4) **元請人**としての設備などを下請負人の労働者に使用させる場合の**適切な措置の実施**

5) その他、安全施工サイクル活動の実施など**建設工事現場の労働災害を防止**するために必要な事項

（4）安全衛生責任者と職長の違い

前述しましたが、下請人の**安全衛生責任者**の説明も捕捉します。事業者としての**安全衛生確保の措置を確実**に講じるため、**元請人**の1）〜5）の**措置に応じて必要な措置を講じ**ます。また、移動式クレーンなどを用いての作業に係る仕事の一部を請負人（他作業の下請人）に請け負わせて共同して当該作業を行う場合には、**作業内容**などについての**連絡調整を確実に行う**ものとされています。

ここで下請人の安全衛生責任者と職長の違いを下の表で説明します。小規模の建設現場では、安全衛生責任者が職長を兼務することが少なくありません。しかし、**安全衛生責任者の職務**は**安全衛生の管理**ですが、**職長の職務は請け負った作業の監督管理**です。

安全衛生責任者と職長の違い		
	安全衛生責任者	職　長
配置人数	1名	複数
主な職務	事業者の現場代理人	作業の監督・管理
職務の法規定	安全衛生業務の連絡・調整	自社作業の指揮・監督
職務規定	安衛法第15条	法規定なし
選任規定	安衛法第16条	法規定なし
教育規定	通達 H12.3.28 基発第179号	安衛法第60条、安衛則第40条等
報告先	元請人・自社に報告	自社の技術管理者に報告
管理先	自社作業員、自社下請人の管理	自社の作業者の管理

6 安全管理　安全施工サイクルで災害を防ぐ

175

第 6 章　安全管理　安全施工サイクルで災害を防ぐ

6.2　安全管理は災害発生の可能性と起因物の関係を把握して実施する

　安全管理は**事故の型と起因物**を理解して、**毎日の安全施工サイクル**で災害を防ぎます。主活動で**現場代理人**は、積算基準に基づいて発注された機器や資材などを管理しますから、**機器や資材などの労働災害の起因物としての可能性や重篤度**を**検討**します。

　このような考えから**支援活動**でも、**既存の労働災害データを参考に対策を練る**べきでしょう。例えば以下は「平成 28 年事故型別起因物別労働災害発生状況順位（平成 28 年 4 月末累計）」をもとに、「事故の型」と「起因物等（積算基準記載例）」との関連を表にしたものです。このようなデータから安全管理を検討します。**支援活動**で重要なのは、建設事業の労働災害の実態に基づいた**災害発生の可能性と起因物の関係を把握**して、**現場代理人を指導**することです。

176

6.2　安全管理は災害発生の可能性と起因物の関係を把握して実施する

平成 28 年事故型別労働災害発生順位（平成 28 年 4 月末累計）		
（発生順位） 事故の型	説　　明	起因物等（積算基準記載例）
（1）墜落・転落 （人が落ちること。車両系機械等とともに転落することを含む）	人が樹木、建築物、足場、機械、乗物、はしご、階段、斜面等から落ちることをいう。乗っていた場所が崩れ、動揺して墜落した場合、砂ビン等による蟻地獄の場合を含む。車両系機械などとともに転落した場合を含む。交通事故は除く。感電して墜落した場合には感電に分類する。	◎ 仮設物、建築物、構築物等 　足場、支保工、階段・桟橋、開口部、屋根、はり・もや・けた・合掌、作業床・歩み板、通路、建築物・構築物、その他の仮設物・建築物・構築物等 ◎ 用具、装置等 　はしご等、その他の用具、その他の装置、設備 ◎ 材料 　金属材料、木材・竹材 ◎ 動力運搬機 　トラック、フォークリフト ◎ 動力クレーン等 　クレーン、移動式クレーン ◎ 建設機械等 　整地・運搬・積込み用機械、掘削用機械、締固め用機械、コンクリート打設用機械、高所作業車、ジャッキ式つり上げ機械 ◎ 環境等 　地山・岩石、立木等、その他の環境等 ◎ 荷 　荷姿の物 ◎ 乗物 　乗用車・バス・バイク ◎ 人力機械工具等 　人力運搬機
（2）はさまれ・ 　　　巻き込まれ （はさまれ・巻き込まれる状態でつぶされ・ねじられること）	物にはさまれる状態および巻き込まれる状態でつぶされ、ねじられる等をいう。プレスの金型、鍛造機のハンマ等による挫滅創等はここに分類する。ひかれる場合を含む。交通事故は除く。	◎ 仮設物、建築物、構築物等 　建築物・構築物、その他の仮設物・建築物・構築物等 ◎ 用具、装置等 　手工具、その他の用具、その他の装置、設備 ◎ 材料 　金属材料、木材・竹材、石・砂・砂利、その他の材料 ◎ 動力運搬機 　トラック、フォークリフト、コンベア

177

第6章　安全管理　安全施工サイクルで災害を防ぐ

		◎ 動力クレーン等 　クレーン、移動式クレーン、エレベータ、リフト ◎ 建設機械等 　整地・運搬・積込み用機械、掘削用機械、締固め用機械、解体用機械、コンクリート打設用機械、高所作業車、ジャッキ式つり上げ機械 ◎ 環境等 　その他の環境等 ◎ 木材加工用機械 　丸のこ盤、角のみ盤・木工ボール盤 ◎ 荷 　荷姿の物、機械装置 ◎ 溶接装置 　その他の溶接装置 ◎ 乗物 　乗用車・バス・バイク ◎ 人力機械工具等 　人力運搬機
（3）転倒 （ほぼ同一平面上で転ぶこと）	人がほぼ同一平面上でころぶ場合をいい、つまずきまたはすべりにより倒れた場合をいう。車両系機械などとともに転倒した場合を含む。交通事故は除く。感電して倒れた場合には感電に分類する。	◎ 仮設物、建築物、構築物等 　足場、階段・桟橋、作業床・歩み板、通路、建築物・構築物、その他の仮設物・建築物・構築物等 ◎ 用具、装置等 　手工具、はしご等、その他の用具、その他の装置、設備 ◎ 材料 　金属材料、木材・竹材、石・砂・砂利、その他の材料 ◎ 動力運搬機 　トラック、フォークリフト、コンベア ◎ 環境等 　地山・岩石、立木等、その他の環境等 ◎ 荷 　荷姿の物 ◎ 溶接装置 　その他の溶接装置 ◎ 乗物 　乗用車・バス・バイク

6.2 安全管理は災害発生の可能性と起因物の関係を把握して実施する

		◎ 電気設備 　送配電線、その他の電気設備 ◎ 人力機械工具等 　人力運搬機
(4) 飛来・落下 (飛んでくるもの・落ちてくるものが人にあたること)	飛んでくる物、落ちてくる物等が主体となって人にあたった場合をいう。研削といしの破片、切断片、切削粉等の飛来、その他自分が持っていた物を足の上に落とした場合を含む。容器等の破裂によるものは破裂に分類する。	◎ 仮設物、建築物、構築物等 　足場、建築物・構築物、その他の仮設物・建築物・構築物等 ◎ 用具、装置等 　手工具、その他の用具、その他の装置、設備 ◎ 材料 　金属材料、木材・竹材、その他の材料 ◎ 動力運搬機 　トラック、フォークリフト ◎ 動力クレーン等 　クレーン、移動式クレーン ◎ 建設機械等 　解体用機械 ◎ 環境等 　地山・岩石、立木等、水、高温・低温環境、その他の環境等 ◎ 荷 　荷姿の物、機械装置 ◎ 人力機械工具等 　人力運搬機
(5) 切れ・こすれ (こすられること。こすられることにより切れること。刃物等により切れること)	こすられる場合、こすられる状態で切られた場合等をいう。刃物による切れ、工具取扱中の物体による切れ、こすれ等を含む。	◎ 用具、装置等 　手工具、その他の用具、その他の装置、設備 ◎ 材料 　金属材料、木材・竹材、その他の材料 ◎ 動力運搬機 　トラック ◎ 木材加工用機械 　丸のこ盤、帯のこ盤、かんな盤、チェーンソー ◎ 荷 　荷姿の物

第6章　安全管理　安全施工サイクルで災害を防ぐ

(6) 動作の反動、無理な動作	上記に分類されない場合であって、重い物を持ち上げて腰をぎっくりさせたというように身体の動き、不自然な姿勢、動作の反動などが起因して、すじをちがえる、くじく、ぎっくり腰およびこれに類似した状態になる場合をいう。バランスを失って墜落、重い物をもちすぎて転倒等の場合は無理な動作等が関係したものであっても、墜落、転倒に分類する。	◎ 仮設物、建築物、構築物等 　階段・桟橋、屋根、作業床・歩み板、通路、建築物・構築物、その他の仮設物・建築物・構築物等 ◎ 用具、装置等 　手工具、はしご等、その他の用具、その他の装置、設備 ◎ 材料 　金属材料、木材・竹材、石・砂・砂利、その他の材料 ◎ 動力運搬機 　トラック ◎ 環境等 　その他の環境等 ◎ 荷 　荷姿の物、機械装置 ◎ 人力機械工具等 　人力運搬機
(7) 激突され （飛来・落下や崩壊・倒壊を除き物が人にあたること。交通事故を除く）	飛来・落下、崩壊、倒壊を除き、物が主体となって人にあたった場合をいう。つり荷、動いている機械の部分などがあたった場合を含む。交通事故は除く。	◎ 仮設物、建築物、構築物等 　その他の仮設物・建築物・構築物等 ◎ 用具、装置等 　手工具、玉掛用具、その他の用具、その他の装置、設備 ◎ 材料 　金属材料、木材・竹材 ◎ 動力運搬機 　トラック、フォークリフト ◎ 動力クレーン等 　クレーン ◎ 建設機械等 　整地・運搬・積込み用機械、掘削用機械、締固め用機械、解体用機械、コンクリート打設用機械 ◎ 環境等 　立木等、その他の環境等 ◎ 荷 　荷姿の物、機械装置 ◎ 乗物 　乗用車・バス・バイク ◎ 人力機械工具等 　人力運搬機

6.2　安全管理は災害発生の可能性と起因物の関係を把握して実施する

(8) 激突 (墜落・転落や転倒を除き人が物にあたること。車両系機械等とともに激突することを含む。交通事故を除く)	墜落、転落および転倒を除き、人が主体となって静止物または動いている物にあたった場合をいい、つり荷、機械の部分等に人からぶつかった場合、飛び降りた場合等をいう。車両系機械などとともに激突した場合を含む。交通事故は除く。	◎ 仮設物、建築物、構築物等 　足場、階段・桟橋、作業床・歩み板、通路、その他の仮設物・建築物・構築物等 ◎ 用具、装置等 　手工具、はしご等、その他の用具、その他の装置、設備 ◎ 材料 　金属材料 ◎ 動力運搬機 　トラック、フォークリフト、コンベア ◎ 建設機械等 　整地・運搬・積込み用機械、掘削用機械、締固め用機械、解体用機械 ◎ 環境等 　その他の環境等 ◎ 荷 　荷姿の物 ◎ 乗物 　乗用車・バス・バイク ◎ 人力機械工具等 　人力運搬機
(9) 交通事故（道路）	交通事故のうち道路交通法適用の場合をいう。	◎ 動力運搬機 　トラック ◎ 乗物 　乗用車、バス、バイク ◎ 人力機械工具等 　人力運搬機
(10) 崩壊・倒壊 (立てかけて物、堆積した物、足場、建築物、地山等が崩れ落ち又は倒壊して人にあたること)	堆積した物（はい等も含む）、足場、建築物等がくずれ落ちまたは倒壊して人にあたった場合をいう。立てかけてあった物が倒れた場合、落盤、なだれ、地すべり等の場合を含む。	◎ 仮設物、建築物、構築物等 　その他の仮設物・建築物・構築物等 ◎ 用具、装置等 　その他の用具、その他の装置、設備 ◎ 材料 　金属材料、木材・竹材、その他の材料 ◎ 環境等 　地山・岩石、立木等、その他の環境等 ◎ 荷 　荷姿の物、機械装置

6

安全管理　安全施工サイクルで災害を防ぐ

181

第6章　安全管理　安全施工サイクルで災害を防ぐ

（11）高温・低温の物との接触	高温または低温の物との接触をいう。高温または低温の環境下にばく露された場合を含む。 高温の場合：火炎、アーク、溶融状態の金属、湯、水蒸気等に接触した場合をいう。熱中症等高温環境下にばく露された場合を含む。 低温の場合：冷凍庫内等低温の環境下にばく露された場合を含む。	◎ 用具、装置等 　その他の用具、その他の装置、設備 ◎ 材料 　金属材料、その他の材料 ◎ 溶接装置 　アーク溶接装置 ◎ 危険物、有害物等 　その他の危険物、有害物等
（12）踏み抜き	くぎ、金属片等を踏み抜いた場合をいう。床、スレート等を踏み抜いたものを含む。踏み抜いて墜落した場合は墜落に分類する。	◎ 材料 　金属材料
（13）有害物等との接触	放射線による被ばく、有害光線による障害、CO 中毒、酸素欠乏症ならびに高気圧、低気圧等有害環境下にばく露された場合を含む。	◎ 危険物、有害物等 　有害物、その他の危険物、有害物等
（14）火災	起因物との関係：危険物の火災においては危険物を起因物とし、危険物以外の場合においては火源となったものを起因物とする。	◎ 危険物、有害物等 　引火性の物
（15）感電	帯電体にふれ、または放電により人が衝撃を受けた場合をいう。 起因物との関係：金属製カバー、金属材料等を媒体として感電した場合の起因物は、これらが接触した当該設備、機械装置に分類する。	

6.3　安全管理は安全施工サイクルで起因物と事故の型を チェックする

　建設業のバリューチェーン・マネジメントでは、**職場の安全確保**を**建設事業者の価値の重要な要素**として位置づけています。**建設事業者**は支援活動として、**労働災害の未然防止**と**疾病の予防**、**緊急時への備え**などは、工事現場で必ず実施しなければならない事項です。**現場代理人**は主活動として、**機械装置の安全対策**、**施設の安全衛生の確保**、**疾病に配慮**します。

　その対策は、形式的ではなく、現場状況に即した**安全衛生活動計画を作成**し、元請人・下請人が一体となった**労働安全衛生体制、点検実施体制を確保**します。そのうえで、事故を未然に防止し、緊急時へ備えるため、**毎日の安全施工サイクル実施のなかで起因物と事故の型をチェック**し、**作業手順の整備・改善などを実施**していきます。

　安全施工サイクルでのチェック事項について具体的に説明していきます。

6.3.1　準備工におけるチェック事項

　当日の作業が決まれば、起因物から事故の型が想定でき、直ちにその日の作業手順書が作成できます。この作業手順書の内容を元請人の本社の安全管理者に報告し、問題点があれば指示を受けます。

準備工における「確認事項」「実施事項」「点検事項」のポイント

　準備工には「安全朝礼」「安全ミーティング」「危険予知活動（KY活動）」「作業開始前点検」の各段階があり、おのおの「確認」「実施」「点検」する事項があります。当日の施工内容に応じた**危険有害要因を特定**し、**リスク度や危険性・有害要因の低減対策を現場に指示**します。
① 安全朝礼（体操、指差呼称、安全目標の実施）の確認事項
　◎ 作業者の健康状態の確認
　◎ 指差呼称による服装・保護具の確認
　◎ 新規入場者（氏名・年齢・住所・既往症）の確認
　◎ 終了時に安全目標の唱和
② 安全ミーティングの実施事項
　◎ 担当者全員で作業範囲、分担、作業方法、手順の確認
　◎ 担当者全員で重機等の近接作業の確認
　◎ 担当者全員で作業場の作業床、開口部の確認
　◎ 担当者全員で地山、土止め、埋設物などの確認
　◎ 担当者全員で墜落防止措置、立入禁止措置の確認

第6章　安全管理　安全施工サイクルで災害を防ぐ

③ 危険予知活動（KY活動）の安全指示
　　安全朝礼・安全ミーティングに従い、開始前に作業内容に基づく危険予知（KY）活動を必ず実施します。
④ 作業開始前点検事項
　　◎ 使用機械（始業前点検、定期点検証）の確認
　　◎ 用具（始業前点検、持込み許可証）の確認
　　◎ 材料、保護具の確認
　　◎ 有資格者の確認

6.3.2　本作業におけるチェック事項

（1）作業現場巡視・指導・監督

　本作業の作業現場巡視・指導・監督などは災害防止の気運を高めるために実施します。準備工で明確化した「危険有害要因」「リスク度」「危険性や有害要因の低減対策」を「根拠法令」により**安全衛生責任者・職長、作業主任をとおして指導**し、**リスク度を下げます。**

「作業現場巡視・指導・監督」のポイント

　作業現場に災害の危険がないか、**朝礼や安全ミーティングなどで指示**したことが**現場で実施**されているかを**確認**します。不安全状態や不安全行為を確認した場合は、その**是正をその場で職長、作業主任に指示**します。不安全状態や不安全行為は、**作業を中止し対策を早急に検討**させます。作業現場巡視・指導・監督により施工現場に適度な緊張感をもたらし、集中力を維持させます。チェック事項のポイントは以下のとおりです。
　① 作業員の配置と作業状況から不安全状態と不安全行為の指摘と改善
　② 重機・機械設備などの保安状況の確認
　③ 作業現場から各工種間の連絡調整状況の確認
　④ 作業現場の5S（整理・整頓・清掃・清潔・しつけ）状況の確認
　⑤ 第三者に対する設備の防災対策状況の確認
　⑥ 搬入する資材・機器材の確認
　⑦ 元請担当者、職長、作業主任者による作業者に対する監督状況の確認

（2）作業連絡打合せ

「作業連絡打合せ」は、**元請人（総括安全衛生性責任者、安全担当者）**が、安全施工サイクルの中で、**毎日一定の時間を決めて実施**します。**全職種の職長**や**下請人の安全衛生責任者**を集め、明日以降の作業を順調に安全に進められるよう、作業間の連絡調整を図ります。**下請人の安全衛生責任者**らが互いに、**安全確保の工法について**意見を交わします。最後に**元請人の総括安全衛生責任者**が

6.3　安全管理は安全施工サイクルで起因物と事故の型をチェックする

安全対策を決めます。

　危険箇所の周知、標示、確認などの徹底状況、危険予知活動などの安全活動状況を**再確認**し、適度な緊張感や集中力の維持に努めます。**作業の変更事項、混在作業、供用機械類の使用**について、関係労働者の労働災害防止に対する意見などを**把握・調整**し、災害防止の気運を高めるように**指導**します。

　安全衛生責任者・職長、作業主任は、**元請人から指示された作業手順を確実に実施**したことを**ほかの安全衛生責任者らに報告**します。**元請人**は作業連絡打合せ後の作業現場巡視・指導・監督で、「危険有害要因の特定」で示された起因物の作業の**「危険性や有害要因の低減対策」**が実施されているかを、**再度確認**します。

　作業連絡打合せでは、計画工程に沿った実施工程と**作業の進み具合も確認**、全職種の**作業間の問題を調整**します。実施工程での後工程の作業との関連性を説明し、明日以降の実施作業について調整します。そして、後工程の作業において**予測される災害や事故に対する対策を協議**します。職長や下請人の安全衛生責任者は、**作業の進み具合**から**問題点を作業場に指導**し、**巡視中の元請人に確認し改善**します。その作業方法に基づいて明日の作業の**作業者や場所の状況を点検確認**しておきます。そのうえで、作業手順・方法や人員配置、**安全に作業を進めるうえでの問題点**があるかどうかを**検討確認**して、**作業連絡打合せに臨む**ことが大切です。

「作業連絡打合せ」のポイント

　安全衛生責任者・職長、作業主任で問題点を協議し、**危険性や有害要因の低減対策を確認**します。
◎ 朝礼や安全ミーティングなどで指示した**「危険性や有害要因の低減対策」の実施状況について報告**します。本日の作業状態を踏まえて翌日の作業について、**危険有害要因を特定**し、参加者で**対策を議論**します。
◎ **危険箇所の周知と対策**、立入り禁止区域の決定、措置、表示、監視人の配置などを確認します。
◎ **当日計画変更された作業や新たに着手する作業**などについては、使用機械、材料、工具、作業手順、作業主任者、有資格者、人員などについて**説明**し、**工事関係者全員に周知**させて、「不安全状態（起因物・危険源）」と「不安全行動」の点検について、納得できるまで十分に議論します。
◎ **交通安全、交通誘導員の配置などの交通管理の対策**は万全か、問題が発生していないか、**緊急時の対応、連絡先など**は明確にされているかを確認します。
◎ 施工体制台帳に記載された**施工体制**、設計書に基づく施工計画書に示された**施工機械体制**、工期内でゆとりを持った**工程計画**、安衛法に照らしたガイドラインに従った**安**

第6章　安全管理　安全施工サイクルで災害を防ぐ

全管理対策を確認します。

◎ 主要資材の仕様、規格、製造元などは材料承諾書と合致しているか、生コンクリートの運搬所要時間と打設計画との整合性、土留・支保工．仮排水路、仮設橋梁などの仮設計画の構造や管理体制、建設副産物の処理は適切か確認します。

◎ 既設構造物、事業損失物件などの事前調査項目を視察した結果、受注者の自主施工が関係法令に抵触した事項はなかったか。下請人の現場代理人や職長から、元請人が設計図書等に基づいた工事の施工方法、施工順序の説明を聞き、発注者側で指定した事項が守られているかを確認します。

◎ 共用機械類（クレーン・エレベーター・建設機械）の使用、共用施設類（足場・作業構台・荷受ステージ・作業通路）の使用、複数職種が競合する作業場所や上下作業の調整と対策を話し合う。

◎ 共用機械類（クレーンなど）の使用時間、作業内容、作業方法、作業責任者の調整・確認します。また、共用設備（足場、桟橋、構台、通路など）の使用時間、作業内容などについても、調整・確認を行います。

◎ 混在作業における上下作業の時間帯調整・作業方法についても、作業間の連絡調整の結果を周知させます。実施が確認されない場合、是正対策を早急に関係者で検討します。

6.3.3　持場後片付け、終了時の確認と報告におけるチェック事項

　元請人は、作業現場巡視・指導・監督で危険性や有害要因の低減対策が不十分だった場合、「持場後片付け」「終了時の確認と報告」でリスク度が下げられたか確認します。

（1）持場後片付け

　持場後片付けでは、元請人の安全担当者があらかじめ、不安全状態の集積場所、集積方法、搬出方法、担当区分などの危険有害要因を特定しておきます。下請人（各所職長や安全衛生責任者）と元請人職員（安全担当者、安全当番）は、危険有害要因の不安全状態を防ぐため「危険性や有害要因の低減対策」の実施状況と根拠法令の遵守状況から持場後片付けを実施します。

持場後片付けのポイント
◎ 明日の作業に必要な材料・不要材、使用機械・工具・用具、仮置材整理・集積場所の整理・整頓を実施します。各作業の「危険有害要因の特定」して「リスク度」を下げるために共用部分を清掃します。
◎ 作業を行う箇所に設けた墜落防止設備や落下防止設備（つり足場）の取りはずしの有無などを点検し、不安全状態の「リスク度」を下げるための復旧措置を行います。部材等の異常を認めたときには直ちに補修し「リスク度」を低減させます。

6.3 安全管理は安全施工サイクルで起因物と事故の型をチェックする

（2）終了時の確認と報告

　現場全域とその周辺の後片付けの状況を、下請人（各所職長や安全衛生責任者）と元請人職員（安全担当者、安全当番）が確認します。**「危険有害要因の特定」で示された起因物の確認**を行います。**各持場は職長や安全衛生責任者**が確認し、**共用部分は元請人職員（安全担当者、安全当番）**が確認します。総合的チェックは各持場の終業報告の後、元請職員が再確認し、その日の作業を終了します。報告を受けて問題があれば、現場代理人は建設会社に相談し指示を受けます。

終了時の確認と報告のポイント

① **終了時の確認は、火気の始末、重機のキー取り外し・保管、電源カット、第三者防護施設の整備・確認、翌日の手配漏れの有無、残業時の元請への連絡、事務整理、詰め所の戸締り**などが確実になされたか確認します。下請人の職長、安全衛生責任者は、元請人（現場代理人、安全担当者など）に終了報告を行います。

② **元請人**は、現場を担当する**安全衛生責任者や職長からの終了報告を受理**します。**現場全体の戸締り、消灯**、第三者災害防止措置については**自ら確認**します。元請人（所長）は出面・出来高・作業指示書・安全衛生日誌などの事務整理を行います。

6

安全管理　安全施工サイクルで災害を防ぐ

第7章

環境管理
環境にやさしい廃棄物処理

　建設廃棄物対策は建設業に必要な環境知識です。建設事業の環境対策では、**工事にかかわる環境要因とそのリスクを分析**することが、バリューチェーン・マネジメントの基礎となります。工事における環境面での重要課題を特定し解決することが、**建設事業者の強化や差別化**につながります。**建設事業者**は建設事業が持つ**特有の環境リスクを理解**して**保全計画を実施**しなければなりません。

　建設事業における**環境保全活動**では、**建設会社**が支援活動において「**投資額**」「**対策費用額**」「**経済効果額**」を**定量的**に**測定**し**指導**します。環境保全活動は、経営トップから組織全体にまで及ぶコミットメントであり、実効性の高い施工現場の環境経営を実現させる**グローバルな連結環境会計**を実施します。

　現場代理人は**主活動**において、建設会社の指導に従い**環境保全効果から利益を得られるように施工管理**します。現場代理人は、技術力強化、安全性と品質の確保、収益性向上を図るコストダウンといった**業務能力の強化と環境課題解決の目標を一致**させます。

　現場代理人は「投資額」「対策費用額」「経済効果額」を考慮し、収益性の向上を図ります。**業務能力の強化と環境課題解決の目標の一致**とは、**建設廃棄物処理費低減を図ること**が**実効性の高い施工現場の環境経営の実現**につなげることです。

　施工現場での環境課題は、重機の燃料費や事務所の電気代の削減が第一条件ではありません。特に機械の使用を重要度として位置づけると、工事の種類により大きく異なりますし、受注金額も工種により重機の使用度合いは異なり、下請人の管理が課題となります。環境保全効果とはあまり関係がないと言えます。環境課題の要因と工事の収益性の向上から、**材料費と労務費の低減こそ重要な環境課題**といえます。

第7章　環境管理　環境にやさしい廃棄物処理

7.1　「建設副産物」の再資源化

　建設業は、社会基盤を担う産業であり、計画・設計、施工、改修、解体といっ
た建築物・工作物等のライフサイクル全体で環境問題と大きく係わっています。
建設現場から発生する廃棄物などをどのように考えるかを説明します。

7.1.1　「建設副産物」と「指定副産物」「特定建設資材」

（1）建設副産物の区分
「建設副産物」とは、**建設工事に伴い発生する物品の総称**をいいます。建設副
産物は、以下の図に示したとおり、**「廃棄物」**と**「再生資源」**に**大別**されます。

<table>
<tr><td colspan="3">建設副産物</td></tr>
</table>

建設副産物		
廃棄物	原材料としての 利用の可能性が あるもの	**再生資源**
原材料としての 利用が不可能な もの	・建設汚泥 ・セメント・コンクリート塊 ・アスファルト・コンクリート塊 ・建設発生木材 ・紙くず	そのまま原材料 となるもの
・廃油 ・ポリ塩化ビフェニル ・アスベスト 　など有害・危険なもの	・廃プラスチック類 ・ガラスくず、陶器くず ・建設混合廃棄物	・建設発生土 ・金属くず

190

7.1 「建設副産物」の再資源化

　廃棄物は「原材料として利用が不可能なもの」と「（何らかの処理をすることによって）原材料としての利用の可能性があるもの」に区分されます。

　再生資源は再利用できる（可能性がある）ものをいい、「そのまま原材料となるもの」と「（何らかの処理をすることによって）原材料としての利用の可能性があるもの」に区分されます。

　よって、**建設副産物**は再利用できるかできないかで「**そのまま原材料となるもの**」「（何らかの処理をすることによって）**原材料としての利用の可能性があるもの**」「**原材料としての利用が不可能なもの**」の三つに区分できます。

　このうち「（何らかの処理をすることによって）原材料としての利用の可能性があるもの」は、建設リサイクル法（平成 12 年 5 月 31 日法律第 104 号）施行以降、リサイクルの推進が図られ、現在、**リサイクル率が 90％以上に向上**しています（建設汚泥は除く）。例えば、アスファルト・コンクリートは再生アスファルトに加工して再利用されます。

　なお、建設副産物には、これ以外に**有価物**があります。**有価物**とは他人に**有償売却が可能なもので、廃棄物ではないので廃棄物処理法の適用は受けません。**

（2）建設副産物の再生資源化と適正処理

　ここでは建設副産物の再生資源化と適正処理のポイントを、以下のとおり整理しました。

廃棄物対策のポイント
◎　「**建設発生土**」「**金属くず**」は、「そのまま原材料として利用できるもの」として発生数量を「**出来形**」「**出来高**」として**計上**し、**工事原価管理の対象**とします。
◎　「**建設汚泥**」「**セメント・コンクリート塊**」「**アスファルト・コンクリート塊**」「**建設発生木材**」「**土砂**」についても発生数量を把握します。工事仕様書や建設副産物適正処理推進要綱に基づいて使用数量も「**出来形**」「**出来高**」として**計上**し、**工事原価管理の対象**とします。
◎　**現場代理人**は主活動において「**建設混合廃棄物**」を「**作業現場で分別**」します。**建設企業**は支援活動において、**工事原価の差異をチェックし低減**に努めます（「5.5（2）労務費、材料費の差異はボックス図、経費の差異はシュラッター図を理解して管理する」参照）。

7

環境管理　環境にやさしい廃棄物処理

第7章　環境管理　環境にやさしい廃棄物処理

　建設副産物の処理については、**工事仕様書や建設副産物適正処理推進要綱に処理方法**が示されており、配置技術者（**建設工事現場の主任技術者や監理技術者**）の権限で実施できます。**契約時点**での**建設副産物**の**処理数量**を請負人の配置技術者が勝手に**変更**することは**できません**。公共工事では違反した場合、**随時検査**が**実施**されます。よって**処理方法**と**数量**については**注意が必要**です。**完了検査対象**の品目については発注者と協議します。「**廃棄物排出量**」として**削減してはいけません**。

（3）再生資源で特に重要なものが「指定副産物」と「特定建設資材」

　再生資源のリサイクル率向上を推進するため「**出来形**」「**出来高**」の数量が検査の対象とされています。この**対象**となるのが「**指定副産物**」です。
「**指定副産物**」とは、「資源の有効な利用の促進に関する法律」（**資源有効利用促進法**）に「その全部または一部を再生資源として利用することを促進することが当該再生資源の有効な利用をはかる上で特に必要なもの」として規定された**土砂、コンクリート塊、アスファルト・コンクリート塊、木材**の四つをいいます。

指定副産物
指定副産物とは「（何らかの処理をすることによって）利用の可能性があるもの」で「作業現場に持ち込んで加工したし材の残り」や「現場内で発生したもので、工事中あるいは工事終了後、その現場内では使用の見込みがないもの」のことです。建設業の場合は、「**土砂**」「**セメント・コンクリート**」「**アスファルト・コンクリート**」の塊、「**木材**」の4品目が定められています。 　「**木材**」とは建設発生木材で、建築物等の解体工事で発生する「柱、ボードなどの木材資材の廃棄物」をいいます。「立木、除根材などが廃棄物となったもの」は「原材料としての利用が不可能なもの」なので異なります。

　「**特定建設資材**」とは、「建設工事に係る資材の再資源化等に関する法律」（**建設リサイクル法**）に「資源の有効な利用および廃棄物の減量を図る上で特に必要である」として規定された**コンクリート塊、アスフファルト・コンクリート塊、木材**の三つ（**指定副産物から土砂を除いた**）をいいます。

特定建設資材
特定建設資材は、資源の有効な利用および廃棄物の減量を図るうえで特に必要である「**セメント・コンクリート塊**」「**アスファルト・コンクリート塊**」「**木材**」の3品目です。再資源化を義務づけることが経済的に過度の負担とならないと認められるものです。

7.1 「建設副産物」の再資源化

7.1.2 「建設発生土」の処分方法と建設発生土技術基準の知識

　建設発生土は廃棄物ではありません。**再生資源**に分類されます。金属と同じように**リサイクル法の対象**となります。したがって、その処分の仕方は決まっています。

（1）建設発生土の処分方法

「**建設発生土**」の処分方法は「**指定処分 A、B**」と「**自由処分**」に**大分**されます。処分の仕方を説明します。

	「建設発生土」の処分の仕方
指定処分 A	発注時に**搬出先が確定している**場合をいいます。受入地を特記仕様書で明示し、施工者は明示された場所へ搬出・処理します。受入地とは「ほかの建設工事」「ストックヤード」「県が設置した受入地」「公共工事建設発生土処分地の指定基準により設置された受入地」です。必要な費用が設計に計上されていますから、生産行為を伴う**検査の対象**となります。
指定処分 B	発注時に**搬出先が未確定かつ発生土量が 100m³（地山量）以上**の場合です。**運搬距離 8 km の運搬費を設計**に計上します。施工者は原則としてその範囲内において搬出先を選定し搬出します。搬出先は発注者の承諾を得ます。運搬距離は、実際の**運搬距離に応じて変更します**が、運搬距離 8 km 以上の場合、施工者はその理由を明確にします。また、搬入場所での敷き均し等の費用が必要な場合は設計に計上できます。
自由処分	発注時に**搬出先が未確定かつ発生土量が 100m³（地山量）未満**の場合です。**運搬距離 4km の運搬費を設計**に計上します。施工者はその範囲内において搬出先を選定し搬出します。ただし、**設計運搬距離の変更は行わないものとし**、搬入場所での敷き均し等の費用が必要な場合は設計に計上できます。**差異分析**による**工事原価管理が可能**です。

（2）建設発生土利用基準

「**建設発生土**」は**コーン指数（土の固さを示す指数）**、**含水比、粒子の大きさ**などの土質区分基準の利用基準に従い、**土の特性あった再利用**を行います。大きな区分として第 1 種から第 4 種までの建設発生土および泥土の 5 段階の区分基準があり、以下の利用基準で**構造物に再利用が可能**です。

7

環境管理　環境にやさしい廃棄物処理

193

第7章　環境管理　環境にやさしい廃棄物処理

建設発生土利用基準	
土質区分基準	土質材料の工学的分類と利用基準
第1種 建設発生土 （砂、礫及び これらに準ず るもの）	礫質土［礫（G）、砂礫（GS）］、砂質土［砂（S）、礫質砂（SG）］、第1 種改良土：人工材料［改良土（I）］ ＊**工作物埋戻し、路床・路体盛土、裏込材、河川地区堤、土地造成、水 面埋立にそのまま原材料として利用できるもの**
第2種 建設発生土 （砂質土、礫 質土及びこれ らに準ずるも の）	礫質土［細粒分まじり礫（GF）］、砂質土［細粒分まじり砂（SF）］、第2 種改良土：人工材料：改良土（I）］、 ＊**コーン指数800以上で砂同等の品質**が確保できているもの。**工作物 埋戻し、路床・路体盛土、裏込材、河川地区堤、土地造成、水面埋立 にそのまま原材料として利用できるもの**。ただし、**工作物の埋戻し**では、 一部の土は**粒度調整の安定処理が必要**です。
第3種 建設発生土 （通常の施工 性が確保され る粘性土及び これに準ずる もの）	砂質土［細粒分まじり砂（SF）］、粘性土［シルト（M）、粘土（C）、火 山灰質粘性土［火山灰質粘性土（V）］、第3種改良土［人工材料：改良土 （I）］ ＊**コーン指数400以上、砂含水比40%程度以下で砂同等の品質**が確保 できているもの。**工作物埋戻し、路床盛土、裏込材には改良が必要。 路体盛土、河川地区堤、土地造成、水面埋立にそのまま原材料として 利用できるもの**
第4種 建設発生土 （粘性土及び これに準ずる もの（第3種 建設発生土を 除く））	砂質土［細粒分まじり砂（SF）］、粘性土［シルト（M）、粘土（C）、火 山灰質粘性土［火山灰質粘性土（V）］、有機質土［有機質土（O）］、第4 種改良土［人工材料：改良土（I）］ ＊**コーン指数200以上、含水比40〜80%程度で砂同等の品質**が確保 できているもの。**土質改良が必要**
泥土（浚渫土）	砂質土［細粒分まじり砂（SF）］、粘性土［シルト（M）、粘土（C）、火 山灰質粘性土［火山灰質粘性土（V）］、有機質土［有機質土（O）］、高有 機質土［高有機質土（Pt）］ ＊**コーン指数200未満、含水比80%以上。土質区分により土質改良が 必要**であるが、高有機質土は使用不可

7.2　建設廃棄物処理費削減は
　　　「特定建設資材」「建設発生土」「金属くず」の分別が基本

　建設事業では資材の調達、施工、資材や機械の輸送、機械の使用、取り壊しや廃棄とリサイクルというバリューチェーンの各プロセスで、**温室効果ガスの排出削減、資源の有効活用、環境汚染防止、自然との共生など、持続可能な社会の実現につながるさまざまな施策を推進**しています。

　国土交通省では**グリーン調達**（環境への影響が少ない製品を優先的に購入すること）を「**環境計画**」のなかの重要項目と位置づけ、「**グリーン調達基準**」を策定しています。都道府県は、「グリーン調達基準」に則り、環境に配慮した建設機械、資材調達活動を推進し、ホームページを公表しています。建設現場では「**グリーン調達基準**」に**従わない建設機械の使用は許可されません**。また、公共工事等で使用される資材は、発注時からこの「グリーン調達基準」に基づいて設計されています。したがって、この「**グリーン調達基準**」に基づいた**建設廃棄物処理費の削減**が**現場代理人の責務**といえるでしょう。

　工事原価管理で重要なことは、「**特定建設資材**」と「**建設発生土（指定処分）**」を加えた**利用が可能な建設副産物**とそれ以外に**区分**することです。「**特定建設資材**」と「**建設発生土（指定処分）**」は、**契約時で数量を報告**する「**出来形**」「**出来高**」として、「**完了検査の対象**」になります。

　また、特定建設資材と建設発生土以外に再生資源を推進しているものに「**建設汚泥**」「**金属くず**」があります。「**特定建設資材**」と「**建設発生土（指定処分）**」以外の「**建設混合廃棄物**」を「**作業現場で分別**」することが**工事原価の低減対策**となります。

　以下に建設廃棄物処理費低減の原則をまとめます。

建設廃棄物処理費低減の原則

　建設廃棄物処理費低減の原則は、「**セメント・コンクリート塊**」「**アスファルト・コンクリート塊**」「**建設発生木材**」「**建設発生土**」「**金属くず**」「**他の建設廃棄物と建設混合廃棄物**」に作業現場で**分別**することです。
　「**特定建設資材**」と「**建設発生土（指定処分）**」は、「**出来形**」や「**出来高**」として数量を**報告**し、「**完了検査の対象**」になりますから、設計変更の原則を守らねばなりません。
　「**建設混合廃棄物**」は、**差異分析**し、「**作業現場で分別**」することで**工事原価が低減**できます。

第 7 章　環境管理　環境にやさしい廃棄物処理

7.2.1　建設廃棄物の処理費削減策は建設混合廃棄物対策

　バリューチェーン・マネジメントは各工種の連鎖です。現場代理人が各工種を単独と考えず、予算単価内で工事を実施し、発生原価を抑える施工計画を立てることが、バリューチェーン・マネジメントと言えます。建設廃棄物の処理では、「**出さない**」「**持ち込まない**」による**減量化**が**処理費削減**の原則です。

（1）建設混合廃棄物の基本的な分別知識

「現場で分別できる建設廃棄物」の理解の仕方		
再利用できるもの	再生事業者へ	①ダンボール、②空き缶、③空き瓶、④古紙、⑤金属くず、⑥不用木くず、⑦セメント・コンクリート塊、⑧アスファルト・コンクリート塊
	厚生労働大臣の指定を受けたメーカーへ	①石膏ボード、岩綿吸音材、ALC、ロックウール、グラスウール
安定型産業廃棄物	再生事業者へ	①瓦礫類、②廃プラスチック類、③ガラス屑または陶器くず、④金属くず、⑤ゴムくず
管理型産業廃棄物	再生事業者へ	①紙くず、木くず、繊維くず、②廃油
	特別管理産業廃棄物	①廃石綿など、②廃 PCB など
一般廃棄物	生ゴミ、生活ゴミ	

＊ 現場事務所から発生する廃棄物は生活ゴミと理解してください。
- 飲料水の缶やビンは、市町村でリサイクル可能です。資源回収を行ってください。
- 一般廃棄物である生活のゴミは持ち帰りが原則です。
- 焼却するときは、法令で定められた「50kg/ 時間以上又は火格子面積 0.5m² 以上」の焼却炉を使用します。ただし、ダイオキシン類対策特別措置法の届出が必要です。また、届出の不要な焼却炉であっても、法律で定められた構造基準と維持管理が適用され、構造基準に適合しない焼却炉は使用できません。作業現場での焼却は止めるべきでしょう。

　建設現場で排出される混合廃棄物は、**処理方法**で**理解**するとわかりやすいと思います。混合廃棄物は「**再利用できるもの**」「**安定型産業廃棄物**」、安定型産業廃棄物で処分できない「**管理型産業廃棄物**」に分けます。現場ではこれに事務所から発生する「**一般廃棄物**」を加えて 4 つに分別します。**分別方法**は同じですが、検査の対象となりませんので**工事原価管理の対象**になります。

7.2 建設廃棄物処理費削減は「特定建設資材」「建設発生土」「金属くず」の分別が基本

（2）建設混合廃棄物減量化の考え方

建設廃棄物は「**出さない**」「**持ち込まない**」による**減量化**が**処理費削減**の原則です。建設廃棄物を減量化するには以下のような施工計画を立てましょう。

◎ 型枠など使用基準を定めて繰り返し利用する

◎ 電線、配管、仮設足場用の単管パイプなど仮設材を別の現場で再利用する

◎ 発生するガレキ類を根固ブロックの代用品として利用する

◎ 二次製品を施工前に工場でプレカットし現場での加工を少なくするよう発注する　など

1）建設混合廃棄物減量化の考え方

建設混合廃棄物減量化対策	
建設混合廃棄物はできるだけ減量化して**出さない**	◎ 作業現場では、**5Sの整理と清掃**で**リサイクルを推進** ◎ 作業現場では、**分別収集**して減量化、残りを**再資源化施設へ** ◎ 納品される**材料の数量**は、**発注前に再チェック**して**ムダを出さない** ◎ 監督職員と協議して工法改善や技術開発を提案
購買方針で工事に必要ない**資材**は、**持ち込まない**	◎ 作業現場に持ち込む資材は **JUST IN TIME**（**5Sの整頓**と**同じ**）で保管をしないのが**原則** ◎ 資材は割付図を描いて**工場加工**し、現場の作業は**組立**だけ 　・二次製品などは**ユニット化** 　・持込実寸発注 　・穴あけも**工場加工** ◎ 納品は無梱包、簡易梱包（納品検査と材料承諾の整合性注意）が**原則** 　・施工計画では、**多目的重機**を使用して**パレット納品** 　・無梱包、簡易梱包は、**ラック式**、**コンテナ式**、**通い箱形式**を検討

2）解体工事の廃棄物処理費対策

次に**解体工事の廃棄物処理費対策**について説明します。

たくさんの廃棄物が発生する解体工事では、**立地条件**によって大きく工事原価が変わります。ですから**施工計画の良否**により**処理費に大きな差**が出ます。

特に建物解体工事の方法は、「**重機を使用した解体工事**」と「**手壊しでの解体工事**」に分けられます。建物解体工事の工事原価は「**立地条件**」に左右されますが、基本的には**重機を使用して解体する割合が高いほど、原価コストは低くなります**から、廃棄物処理費を低減するには、**手作業をできるだけ少なくする**ことです。

7

環境管理　環境にやさしい廃棄物処理

第 7 章　環境管理　環境にやさしい廃棄物処理

　したがって、解体工事で一番大事な事項は、「**契約条件の確認**」と「**現地調査**」となります。契約条件を確認し、現地を調査し、「**前面道路の幅**」「**隣家との距離**」に注意して「**重機を使用した解体工事**」の計画を立てることです。

　◎ **前面道路の幅員**により、**重機の作業範囲**と廃棄物を運搬する**ダンプトラックの種類と大きさ**が決まります。

　◎ **隣家との距離**により、重機の作業範囲と作業員の手壊し範囲が決まります。

　現場代理人は、この「前面道路の幅員」「隣家との距離」の 2 ポイントで、「**重機作業計画書**」を作成します。

　◎ 職長が**重機で解体**を行い、**建設資材に係る資材の再資源化等に関する法律（建設リサイクル法）**に基づいて**特定建設資材**と**特定建設資材外**（塩ビ管など）にある程度**分別**します。

　◎ おおまかに分別された廃棄物を「手壊しを得意としている解体職人」が道路の条件などを考慮して**特定建設資材**や**金属くず**を分別しながら、ダンプトラックに積み込みやすい位置に整理します。

7.2.2　建設廃棄物分別表で原価管理

　建設廃棄物処理費低減の原則は**建設廃棄物の減量化**です。法や技術指針に従い建設廃棄物を以下の表に分別します。**発生量と単価**から利益を「**見える化**」し原価を管理します。

　◎「**建設発生土**」「**金属くず**」は、「**そのまま原材料となるもの**」として発生数量を「**出来形**」「**出来高**」として対応します。

　◎「**建設汚泥**」「**コンクリート塊**」「**アスファルト塊**」「**建設発生木材**」についても「**原材料としての可能性があるもの**」として発生数量を把握します。これらも工事仕様書や建設副産物適正処理推進要綱に基づいて「**出来形**」「**出来高**」として対応します。

　◎ ほかの建設廃棄物と建設混合廃棄物は、できるだけ「コンクリート塊」「アスファルト塊」「建設発生木材」「建設発生土」「金属くず」に作業現場で分別することが工事原価の低減になります。

7.2 建設廃棄物処理費削減は「特定建設資材」「建設発生土」「金属くず」の分別が基本

建設廃棄物分別表						
建設副産物の種類		発生量	単価	現場内利用・減量		現場外搬出
				現場内利用	減量化	
特定建設資材	コンクリート塊					
	建設発生木材 A					
	アスファルト塊					
建設廃棄物	その他がれき類					
	建設発生木材 B					
	建設汚泥					
	金属くず					
	廃塩化ビニル管・継手					
	廃プラスチック					
	廃石膏ボード					
	廃石膏ボード					
	アスベスト（飛散性）					
	混合状態の廃棄物					
	その他廃棄物					
建設発生土	第 1 種					
	第 2 種					
	第 3 種					
	第 4 種					
	泥土（浚渫土）					

＊建設発生木材 A：柱、ボードなどの木材資材が廃棄物となったもの
　建設発生木材 B：立木、除根材などが廃棄物となったもの
　浚渫土：建設汚泥を除く

第 7 章　環境管理　環境にやさしい廃棄物処理

7.2.3　建設副産物の再資源化の手続き

　建設工事に係る資材の再資源化等に関する法律（**建設リサイクル法**）（平成12 年法律第 104 号）の第 1 条では、**特定の建設資材**について、その**分別解体や再資源化などを促進**するための措置を講ずるとともに、**解体工事業者**について**登録制度**を実施することなどにより、**再生資源の十分な利用**や**廃棄物の減量**などを通じて、**資源の有効な利用の確保**及び**廃棄物の適正な処理**を図り、もって**生活環境の保全**及び**国民経済の健全な発展に寄与**することを目的とするとされています。本項では建設リサイクル法の手続きなどを説明します。

（1）建設副産物の再資源化の書面内容

　建設リサイクル法 第 13 条においては、**一定規模以上の解体工事**（床面積の合計が 80m²）などに係る契約を行う場合に、**建設業法第 19 条第 1 項に定める請負契約の内容**（「3.8.2　建設業法に規定された下請契約の内容」参照）**のほか、以下の①から④までの事項**を書面に記載し、署名または記名押印をして相互に交付しなければならないこととされています。

　① **分別解体等の方法**
　② **解体工事に要する費用**
　③ **再資源化等**をするための**施設の名称と所在地**
　④ **再資源化等**に要する**費用**

（2）建設副産物の再資源化の手続き

　建設副産物の分別解体・再資源化の手続きは次のとおりです。
　① 元請業者から発注者への説明
　② 発注者から都道府県知事等への工事の事前届出
　③ 元請業者から下請業者への告知
　④ 標識の掲示
　⑤ 元請業者から発注者への事後報告
　⑥ 知事等への措置の要求

◎著者紹介◎

小久保　優　こくぼ・まさる

小久保都市計画事務所（所長）。NPO 土壌汚染技術士ネットワーク（元理事）。技術士（建設部門／環境部門／総合技術監理部門）。APEC Engineer（Civil Engineering Structural Engineering）。IPEA国際エンジニア。環境カウンセラー（事業者部門）。JABEE 審査員（審査長）、労働安全コンサルタント（土木）、経営支援アドバイザー（経営、技術）、千葉工業大学非常勤講師。

著書に『現場で役立つ建設リスクマネジメント 119（単著）』『業務に役立つ建設関連法の解説 119（単著）』『今日から役立つ工事原価管理の解説 119（単著）』『技術士第二次試験「建設部門」攻略法（単著）』『イラストでわかる土壌汚染（共著）』（技報堂出版）、『国家試験「技術士第二次試験」合格のコツ　論文＆口頭試験戦略（共著）』（日本工業新聞社）、『技術士第二次試験先見攻略法（単著）』（インデックス出版）などがある。

建設業の
バリューチェーン・マネジメント

定価はカバーに表示してあります。

2018 年 12 月 5 日　1 版 1 刷発行　　　　　ISBN 978-4-7655-1858-1 C3051

著　者　小　　久　　保　　　優

発行者　長　　　滋　　　彦

発行所　技報堂出版株式会社

日本書籍出版協会会員
自然科学書協会会員
土木・建築書協会会員

Printed in Japan

〒101-0051　　東京都千代田区神田神保町 1-2-5
電話　　営業（03）（5217）0885
　　　　編集（03）（5217）0881
FAX　　　　（03）（5217）0886
振替口座　　00140-4-10
http://gihodobooks.jp/

© Masaru Kokubo, 2018
落丁・乱丁はお取り替えいたします。

装幀　濱田晃一　印刷・製本　昭和情報プロセス

JCOPY　〈出版者著作権管理機構 委託出版物〉

本書の無断複写は著作権法上での例外を除き禁じられています。複写される場合は、そのつど事前に、出版者著作権管理機構（電話：03-3513-6969，FAX：03-3513-6979，e-mail: info@jcopy.or.jp）の許諾を得てください。

◆小社刊行図書のご案内◆

定価につきましては小社ホームページ（http://gihodobooks.jp/）をご確認ください。

今日から役立つ
工事原価管理の解説 119

小久保優 著
B5・238頁

【内容紹介】 昨今、震災復興や東京オリンピックにむけた基盤整備の影響で人件費、資材費が高騰しており、決められた予算のなかで建設会社がなかなか利益をあげられなくなってきている。本書は、そのような状況下で工事原価管理を適切に行い、利益を生む方法を具体的に説明したもの。

現場で役立つ
建設リスクマネジメント 119

小久保優 著
A5・324頁

建設リスクマネジメントは建設事業を合理的に実施し、受注した工事で利益を追求するために不可欠なもので、潜在する建設リスクを把握・特定することから始まる。本書は、建設リスクを事前に把握・分析・評価・低減するマネジメント手法をチェックリストとしてまとめ、これを活用することで建設リスクマネジメントを理解できるようにしたものである。

業務に役立つ
建設関連法の解説 119

小久保優 著
A5・336頁

本書は、建設関連法について、Q＆A形式でわかりやすく解説したものです。建設関連法の要旨を 119 のキーポイントとしてまとめ、その法令の条文もあわせて収録しました。公益性を確保する技術者倫理の視点から、主に建設業法と公共工事契約約款を、関連する労働安全衛生法や廃棄物の処理及び清掃に関する法律も踏まえて解説しました。

技術士第二次試験
「建設部門」攻略法

小久保優 著
A5・288頁

【内容紹介】 技術士第二次試験「建設部門」の対策本。受験申込書・業務経歴票の書き方から筆記試験・口頭試験対策まで、試験のすべてを徹底解説。必須科目は過去問題から重要キーワードを抽出し解説。選択科目は主要な選択科目の頻出問題について、評価基準にそった記述方法を解説。口頭試験は試験をシミュレートし、主な質問項目に対する答え方を解説。

技報堂出版 ┃ TEL 営業 03(5217)0885 編集 03(5217)0881
FAX 03(5217)0886